**OSTWALDS KLASSIKER
DER EXAKTEN WISSENSCHAFTEN
Band 20**

Christian Huygens
14.4.1629 - 8.7.1695

OSTWALDS KLASSIKER
DER EXAKTEN WISSENSCHAFTEN
Band 20

Abhandlung über das Licht

Worin die Ursachen der Vorgänge
bei seiner Zurückwerfung und Brechung
und besonders bei der eigentümlichen Brechung
des Isländischen Spates
dargelegt sind

(1678)

von
Christian Huygens

herausgegeben und mit
Anmerkungen versehen von
E. Lommel
In zweiter Auflage durchgesehen
und berichtigt von
A. J. von Oettingen

Verlag Harri Deutsch

Die Deutsche Bibliothek - CIP-Einheitsaufnahme

Huygens, Christiaan:
Abhandlung über das Licht : worin die Ursachen der Vorgänge
bei seiner Zurückwerfung und Brechung und besonders bei der
eigentümlichen Brechung des isländischen Spates dargelegt sind
/ von Christian Huygens. Hrsg. und mit Anm. vers. von E. Lommel.
In 2. Aufl. durchges. und berichtigt von A.J. von
Oettingen. - 4. Aufl., Reprint. - Thun ; Frankfurt am Main :
Deutsch, 1996
  (Ostwalds Klassiker der exakten Wissenschaften ; Bd. 20)
  Einheitssacht.: Traité de la lumière <dt.>
  ISBN 3-8171-3020-1
NE: GT

ISBN 3-8171-3020-1

Jede Verwertung außerhalb der Grenzen des Urheberrechtsgesetzes ist ohne
Zustimmung des Verlages unzulässig und strafbar. Das gilt insbesondere für
Vervielfältigungen, Übersetzungen, Mikroverfilmungen und die Einspeicherung
und Verarbeitung in elektronischen Systemen.
Der Inhalt des Werkes wurde sorgfältig erarbeitet. Dennoch übernehmen Autoren,
Herausgeber und Verlag für die Richtigkeit von Angaben, Hinweisen und
Ratschlägen sowie für eventuelle Druckfehler keine Haftung.
© Verlag Harri Deutsch, Thun und Frankfurt am Main, 1996, 2000
1. Auflage Engelmann Verlag, Leipzig
4. Auflage 1996, 2000
Druck: Rosch - Buch Druckerei GmbH, Scheßlitz
Printed in Germany

Vorrede.

[I] Ich schrieb die vorliegende Abhandlung vor 12 Jahren während meines Aufenthaltes in Frankreich; ich theilte sie im Jahre 1678 den gelehrten Männern mit, welche damals die Königliche Akademie der Wissenschaften bildeten, an welche der König mich zu berufen geruhte. Mehrere Mitglieder dieser Gesellschaft, welche noch leben, werden sich noch erinnern können gegenwärtig gewesen zu sein, als ich sie vorlas, und noch besser als die übrigen diejenigen unter ihnen, welche sich besonders dem Studium der Mathematik gewidmet haben, von denen ich nur die berühmten Herren *Cassini*, *Römer* und *de la Hire* anführen kann. Und obgleich ich seitdem mehrere Stellen verbessert und verändert habe, so könnten doch die Abschriften, welche ich davon seit jener Zeit anfertigen liess, den Beweis liefern, dass ich gleichwohl dazu nichts hinzugefügt habe als Annahmen betreffs des Baues des isländischen Doppelspaths und eine neue Bemerkung über die Strahlenbrechung des Bergkrystalls. Ich habe diese Einzelheiten erwähnen wollen, um zu zeigen, seit wann ich über die jetzt veröffentlichten Dinge nachgedacht [II] habe, und nicht um das Verdienst derjenigen zu schmälern, welche, ohne meine Aufzeichnungen gesehen zu haben, dazu gelangt sind, ähnliche Stoffe zu behandeln, wie dies thatsächlich bei zwei hervorragenden Mathematikern, *Newton* und *Leibniz*, der Fall war hinsichtlich des Problemes, die Gestalt von Sammellinsen zu bestimmen, wenn eine der Flächen gegeben ist.

Man wird fragen können, warum ich mit der Veröffentlichung dieses Werkes so lange gezögert habe. Der Grund dafür ist, dass ich es ziemlich nachlässig in französischer Sprache geschrieben hatte, mit der Absicht, es in das Lateinische zu übersetzen, und so verfuhr, um mehr auf den Inhalt die Aufmerksamkeit zu richten. Später jedoch nahm ich mir vor, es zusammen mit einer anderen Abhandlung über Dioptrik

herauszugeben, worin ich die Wirkungen der Teleskope und
dasjenige, was sonst noch zu dieser Wissenschaft gehört, darlege.
Da aber das Vergnügen der Neuheit geschwunden war, so habe
ich die Ausführung dieses Planes von einem Tag zum andern
aufgeschoben, und ich vermag nicht zu sagen, wann ich damit
hätte zu Ende kommen können, da ich öfter theils durch Geschäfte, theils durch irgend ein neues Studium abgezogen werde.
In dieser Erwägung bin ich endlich zu der Ansicht gekommen,
dass es besser wäre, diese Schrift in der vorliegenden Form erscheinen zu lassen, als durch längeres Zögern sie der Gefahr
auszusetzen, dass sie schliesslich verloren gehe.

Man wird darin Beweise von der Art finden, welche nicht
eine ebenso [**III**] grosse Gewissheit als diejenigen der Geometrie
gewähren und welche sich sogar sehr davon unterscheiden, weil
hier die Principien sich durch die Schlüsse bewahrheiten, welche
man daraus zieht, während die Geometer ihre Sätze aus sicheren
und unanfechtbaren Grundsätzen beweisen; die Natur der behandelten Gegenstände bedingt dies. Es ist dabei gleichwohl
möglich, bis zu einem Wahrscheinlichkeitsgrade zu gelangen,
der sehr oft einem strengen Beweise nichts nachgiebt. Dies ist
nämlich dann der Fall, wenn die Folgerungen, welche man unter
Voraussetzung dieser Principien gezogen hat, vollständig mit
den Erscheinungen im Einklang sind, welche man aus der Erfahrung kennt; besonders wenn deren Zahl gross ist, und vorzüglich noch, wenn man neue Erscheinungen sich ausdenkt und
voraussieht, welche aus der gemachten Annahme folgen, und
findet, dass dabei der Erfolg unserer Erwartung entspricht. Wenn
nun alle diese Wahrscheinlichkeitsbeweise bei den Gegenständen,
welche zu behandeln ich mir vorgenommen habe, zusammenstimmen, wie sie es nach meinem Dafürhalten wirklich thun, so
muss dieser Umstand den Erfolg meiner Forschungsweise in
hohem Maasse bestätigen, und es ist kaum möglich, dass die
Dinge sich nicht nahezu so verhalten, wie ich sie darstelle. Ich
möchte daher glauben, dass diejenigen, welche die Ursachen
kennen zu lernen bestrebt sind, und die Pracht der Lichterscheinungen zu bewundern verstehen, einige Befriedigung
finden werden in diesen verschiedenen auf das Licht bezüglichen
Betrachtungen und in der neuen Erklärung [**IV**] seiner vorzüglichsten Eigenschaft, welche die Hauptgrundlage für den Bau
unserer Augen und jene grossen Erfindungen bildet, die den
Gebrauch derselben so sehr erweitern. Ich hoffe auch, dass
spätere Forscher, indem sie diese Anfänge weiter verfolgen, in

diesen Gegenstand tiefer, als ich es vermochte, eindringen werden, da derselbe hiermit noch lange nicht erschöpft ist. Dies gilt offenbar für die besonders angemerkten Stellen, wo ich Schwierigkeiten ungelöst lasse; und noch mehr für die Dinge, welche ich überhaupt nicht berührt habe, wie die verschiedenen Arten selbstleuchtender Körper, und alles, was auf Farben Bezug hat, worin niemand bis jetzt eines Erfolges sich rühmen kann. Schliesslich bleibt noch viel mehr über die Natur des Lichtes zu erforschen übrig, als ich davon entdeckt zu haben glaube, und ich würde demjenigen zu grossem Danke verpflichtet sein, der meine hierin mangelhaften Kenntnisse ergänzen könnte.

Haag, den 8. Januar 1690.

Inhaltsverzeichniss der Abhandlung.

Kapitel I.

Ueber die geradlinige Ausbreitung der Strahlen.

		Seite
Das Licht wird durch eine gewisse Bewegung erzeugt	[2]	10
Körper gelangen nicht von dem leuchtenden Gegenstande bis zu unseren Augen	[3]	11
Das Licht breitet sich kugelförmig und ungefähr wie der Schall aus	[4]	11
Ob das Licht zur Ausbreitung Zeit braucht	[4]	12
Ein scheinbarer experimenteller Beweis, dass es sich momentan fortpflanzt	[5]	12
Ein experimenteller Beweis, dass es dazu Zeit braucht	[7]	14
Angabe, um wieviel die Lichtgeschwindigkeit diejenige des Schalles übertrifft	[9]	16
Unterschied zwischen der Ausbreitungsart des Lichtes und des Schalles	[9]	16
Beide pflanzen sich nicht durch dasselbe Mittel fort	[10]	17
Die Fortpflanzung des Schalles	[11]	17
Die Fortpflanzung des Lichtes	[12]	18
Besondere Bemerkung über die Ausbreitung des Lichtes	[17]	23
Die Ursache der geradlinigen Fortpflanzung der Lichtstrahlen	[19]	24
Erklärung, wie das aus verschiedenen Richtungen kommende Licht sich ungehindert kreuzen kann	[20]	25

Kapitel II.
Ueber die Reflexion.

	Seite
Beweis der Gleichheit des Incidenz- und Reflexionswinkels	[21] 26
Angabe des Grundes, warum der einfallende und der zurückgeworfene Lichtstrahl in ein und derselben, zur reflectirenden Fläche senkrechten Ebene liegen . . .	[24] 28
Die Gleichheit des Einfalls- und Reflexionswinkels fordert nicht, dass die reflectirende Ebene vollkommen eben sei	[25] 29

Kapitel III.
Ueber die Brechung.

Die Körper könnten durchsichtig sein, ohne dass irgend eine Materie durch sie hindurchgeht	[27]	31
Beweis, dass die Materie des Aethers die durchsichtigen Körper durchdringt.	[28]	32
Ueber die Art und Weise, wie diese Materie, indem sie die Körper durchdringt, deren Durchsichtigkeit bewirkt.	[29]	33
Die anscheinend festesten Körper bestehen aus einem sehr lockeren Gewebe	[29]	33
Die Fortpflanzungsgeschwindigkeit des Lichtes ist im Wasser und im Glase geringer als in der Luft	[30]	34
Eine dritte Hypothese zur Erklärung der Durchsichtigkeit der Körper und der Verzögerung, welche das Licht in denselben erleidet	[30]	34
Die mögliche Ursache der Undurchsichtigkeit der Körper	[31]	35
Beweis der bekannten Sinusregel bei der Brechung . . .	[33]	38
Grund, warum der einfallende und der gebrochene Strahl sich wechselseitig erzeugen	[36]	39
Grund, warum die Reflexion im Innern eines dreiseitigen Glasprismas sich plötzlich verstärkt, sobald das Licht aus demselben nicht mehr austreten kann.	[38]	40
Die Körper mit stärkerer Brechung bewirken auch eine stärkere Reflexion	[39]	41
Beweis eines Lehrsatzes von *Fermat*	[40]	42

Kapitel IV.
Ueber die atmosphärische Strahlenbrechung.

Die Ausbreitung des Lichtes in der Luft ist nicht kugelförmig	[43]	45
Die dadurch bewirkte scheinbare Erhebung gewisser Gegenstände über ihren wahren Ort	[44]	45
Scheinbare Erhebung der Sonne über den Horizont, bevor sie aufgegangen ist	[45]	46
Ueber die krummlinige Bahn der Lichtstrahlen in der atmosphärischen Luft und die dadurch hervorgerufenen Wirkungen	[46]	47

Ueber das Licht. 7

Kapitel V.

Ueber die eigenthümliche Brechung des isländischen Spaths.

		Seite
Dieser Krystall wird auch in anderen Ländern gefunden	[49]	49
Der erste Schriftsteller über denselben	[49]	49
Beschreibung des isländischen Spaths; seine Materie, Gestalt und Eigenschaften	[49]	50
Die beiden verschiedenen Lichtbrechungen desselben	[51]	51
Der auf der Fläche senkrecht stehende Lichtstrahl erleidet Brechung, während zur Fläche geneigte Strahlen ohne Brechung hindurchgehen können	[51]	51
Beobachtung der Brechungen des Krystalls	[52]	51
Die ordentliche und ausserordentliche Brechung	[54]	52
Das Verfahren zur Messung der beiden Brechungen des isländischen Spaths	[54]	53
Bemerkenswerthe Eigenschaften der ausserordentlichen Brechung	[57]	54
Hypothese zur Erklärung der Doppelbrechung	[58]	55
Der Bergkrystall ist ebenfalls doppeltbrechend	[59]	55
Annahme sphäroidischer Lichtwellen im Innern des isländischen Spaths zur Erklärung der ausserordentlichen Brechung	[60]	57
Erklärung der Brechung eines senkrechten Lichtstrahles	[60]	58
Bestimmung der Lage und Gestalt der sphäroidischen Wellen im Krystall	[62, 63]	59
Erklärung der ausserordentlichen Brechung durch diese sphäroidischen Wellen	[63]	59
Leichtes Verfahren zur Bestimmung des zu jedem einfallenden gehörigen ausserordentlich gebrochenen Strahls	[66]	62
Beweis betreffs des geneigten Lichtstrahles, der ohne Brechung durch den Krystall hindurchgeht	[69]	65
Erklärung anderer Unregelmässigkeiten dieser Lichtbrechung	[74]	68
Ein unter den Krystall gelegter Gegenstand erscheint doppelt, in zwei Bildern von verschiedener Höhe	[77]	70
Grund, warum die scheinbaren Höhen des einen dieser Bilder sich mit der Stellung der Augen über dem Krystall ändern	[78 u. ff.]	71
Ueber verschiedene Schnitte des Krystalls, welche noch andere Brechungserscheinungen hervorbringen, und dadurch die vorstehende Theorie bestätigen	[85]	76
Besonderes Verfahren, solche Schnittflächen zu poliren	[88]	78
Ueberraschende Erscheinung der durch zwei getrennte Krystallstücke hindurchgegangenen Lichtstrahlen, für welche eine Erklärung noch fehlt	[89]	79
Wahrscheinliche Vermuthung über den inneren Bau des isländischen Spaths und die Gestalt seiner Theilchen	[91]	81
Beweise zur Bestätigung dieser Vermuthung	[94]	83
Rechnungen, welche in diesem Kapitel vorausgesetzt sind	[96]	84

Kapitel VI.

Ueber die Gestalt der durchsichtigen Körper, welche zur Brechung und Zurückwerfung dienen.

		Seite
Allgemeine und leichte Bestimmungsregel dieser Formen.	[102]	89
Bestimmung der Ovale *Descartes'* für die Dioptrik . . .	[103]	90
Dessen Verfahren zur Bestimmung dieser Curven	[110]	95
Verfahren zur Bestimmung einer für die vollkommene Brechung geeigneten Glasfläche, wenn die andere Fläche gegeben ist	[113]	97
Bemerkung über die Vorgänge bei der Brechung der Strahlen durch eine Kugelfläche	[118]	102
Bemerkung über die Curve, welche bei der Reflexion an einem kugelförmigen Hohlspiegel entsteht	[123]	105

Abhandlung über das Licht.[1)]

Kapitel I.

Ueber die geradlinige Ausbreitung der Strahlen.

[1] Die Beweisführungen in der Optik gründen sich, wie in allen Wissenschaften, in welchen die Geometrie auf die Materie angewandt wird, auf Wahrheiten, welche aus der Erfahrung abgeleitet sind; wie zum Beispiel, dass die Lichtstrahlen sich geradlinig ausbreiten, dass Reflexions- und Einfallswinkel gleich sind, und dass bei der Brechung der Strahl nach der Sinusregel gebrochen wird, die jetzt so bekannt und nicht weniger sicher ist als die vorhergehenden.

Die Mehrzahl derjenigen, welche über die verschiedenen Theile der Optik geschrieben haben, haben sich damit begnügt, diese Wahrheiten vorauszusetzen. Einige mehr Wissbegierige waren bestrebt, ihren Ursprung und ihre Ursachen aufzusuchen, da sie dieselben an und für sich als bewundernswerthe Wirkungen der Natur betrachteten. Da aber die hierbei vorgebrachten Ansichten zwar geistreich, jedoch nicht derart sind, dass die Verständigeren nicht Erklärungen wünschen sollten, welche ihnen besser genügen, so will ich hier dasjenige vorlegen, was ich über diesen Gegenstand gedacht habe, um nach meinen Kräften zur Klärung dieses Theiles der Naturwissenschaft beizutragen, welcher nicht ohne Grund für einen der schwierigsten gilt. Ich erkenne an, dass ich denjenigen grossen Dank schulde, welche zuerst angefangen haben, die seltsame Dunkelheit zu zerstreuen, in welche diese Dinge gehüllt waren, und [2] die Hoffnung zu erwecken, dass sie sich durch verständliche Gründe erklären lassen. Aber ich bin andererseits auch erstaunt, dass sie sehr häufig wenig einleuchtende Schlussfolgerungen als höchst sicher und beweisend haben gelten lassen; hat ja doch meines Wissens noch niemand auch nur die ersten und wichtigsten Erscheinungen des Lichtes annehmbar erklärt, nämlich warum es sich nur in geraden Linien fortpflanzt und wie die Lichtstrahlen, welche aus unendlich vielen verschiedenen Richtungen herkommen, sich kreuzen, ohne sich gegenseitig irgendwie zu hindern.

Ich werde daher in diesem Buche versuchen, gemäss der in der heutigen Philosophie angenommenen Principien für die Eigenschaften zuerst des geradlinig sich ausbreitenden, sodann des bei der Begegnung mit anderen Körpern zurückgeworfenen Lichtes klarere und wahrscheinlichere Gründe anzugeben. Hierauf werde ich die Erscheinungen der Strahlen erklären, welche beim Durchgang durch verschiedenartige durchsichtige Körper eine sogenannte Brechung erleiden ; hierbei werde ich auch die Wirkungen der Brechung in der Luft infolge der verschiedenen Dichtigkeitszustände der Atmosphäre behandeln.

Hierauf werde ich die Ursache der seltsamen Lichtbrechung eines gewissen Krystalls untersuchen, welchen man von Island holt. An letzter Stelle werde ich von den verschiedenen Gestalten durchsichtiger und zurückwerfender Körper handeln, durch welche die Strahlen in einem Punkte vereinigt oder in mannigfaltiger Weise abgelenkt werden. Hierbei wird man sehen, mit welcher Leichtigkeit nach unserer neuen Theorie nicht nur die Ellipsen, Hyperbeln und andere Curven gefunden werden, welche *Descartes* für diese Wirkung scharfsinnig erdacht hat, sondern auch noch diejenigen, welche die eine Oberfläche eines Glases bilden müssen, wenn die andere Oberfläche als kugelförmig, eben oder irgendwie gestaltet gegeben ist.

Man wird nicht zweifeln können, dass das Licht in der Bewegung einer gewissen Materie besteht. Denn betrachtet man seine Erzeugung, so findet man, dass [3] hier auf der Erde hauptsächlich das Feuer und die Flamme dasselbe erzeugen, welche ohne Zweifel in rascher Bewegung befindliche Körper enthalten, da sie ja zahlreiche andere sehr feste Körper auflösen und schmelzen ; oder betrachtet man seine Wirkungen, so sieht man, dass das, etwa durch Hohlspiegel, gesammelte Licht die Kraft hat, wie das Feuer zu erhitzen, d. h. die Theile der Körper zu trennen; dies deutet sicherlich auf Bewegung hin, wenigstens in der wahren Philosophie, in welcher man die Ursache aller natürlichen Wirkungen auf mechanische Gründe zurückführt. Dies muss man meiner Ansicht nach thun, oder völlig auf jede Hoffnung verzichten, jemals in der Physik etwas zu begreifen.

Da man nun nach dieser Philosophie für sicher hält, dass der Gesichtssinn nur durch den Eindruck einer gewissen Bewegung eines Stoffes erregt wird, der auf die Nerven im Grunde unserer Augen wirkt, so ist dies ein weiterer Grund zu der Ansicht, dass das Licht in einer Bewegung der zwischen uns und dem leuchtenden Körper befindlichen Materie besteht.

Wenn man ferner die ausserordentliche Geschwindigkeit, mit welcher das Licht sich nach allen Richtungen hin ausbreitet, beachtet und erwägt, dass, wenn es von verschiedenen, ja selbst von entgegengesetzten Stellen herkommt, die Strahlen sich einander durchdringen, ohne sich zu hindern, so begreift man wohl, dass, wenn wir einen leuchtenden Gegenstand sehen, dies nicht durch die Uebertragung einer Materie geschehen kann, welche von diesem Objecte bis zu uns gelangt, wie etwa ein Geschoss oder ein Pfeil die Luft durchfliegt; denn dies widerstreitet doch zu sehr diesen beiden Eigenschaften des Lichtes und besonders der letzteren. Es muss sich demnach auf eine andere Weise ausbreiten, und gerade die Kenntniss, welche wir von der Fortpflanzung des Schalles in der Luft besitzen, kann uns dazu führen, sie zu verstehen.

Wir wissen, dass vermittelst der Luft, die ein unsichtbarer und ungreifbarer Körper ist, der Schall sich im ganzen Umkreis des Ortes, wo er erzeugt wurde, durch eine Bewegung ausbreitet, welche allmählich von einem [4] Lufttheilchen zum anderen fortschreitet, und dass, da die Ausbreitung dieser Bewegung nach allen Seiten gleich schnell erfolgt, sich gleichsam Kugelflächen bilden müssen, welche sich immer mehr erweitern und schliesslich unser Ohr treffen. Es ist nun zweifellos, dass auch das Licht von den leuchtenden Körpern bis zu uns durch irgend eine Bewegung gelangt, welche der dazwischen befindlichen Materie mitgetheilt wird; denn wir haben ja bereits gesehen, dass dies durch die Fortführung eines Körpers, der etwa von dort hierher gelangt, nicht geschehen kann. Wenn nun, wie wir alsbald untersuchen werden, das Licht zu seinem Wege Zeit gebraucht, so folgt daraus, dass diese dem Stoffe mitgetheilte Bewegung eine allmähliche ist, und darum sich ebenso wie diejenige des Schalles in kugelförmigen Flächen oder Wellen ausbreitet; ich nenne sie nämlich Wellen wegen der Aehnlichkeit mit jenen, welche man im Wasser beim Hineinwerfen eines Steines sich bilden sieht, weil diese eine ebensolche allmähliche Ausbreitung in die Runde wahrnehmen lassen, obschon sie aus einer anderen Ursache entspringen und nur in einer ebenen Fläche sich bilden.

Um nun zu erkennen, ob die Fortpflanzung des Lichtes mit der Zeit erfolgt, untersuchen wir zuerst, ob es Versuche giebt, welche uns von dem Gegentheil überzeugen könnten. Betreffs derjenigen, welche man hier auf der Erde mit in grossen Entfernungen aufgestellten Flammen ausführen kann, lässt sich, obwohl sie beweisen, dass das Licht keine merkliche Zeit zum Durchlaufen dieser Entfernungen gebraucht, mit Recht behaupten, dass diese Entfernungen zu klein sind und dass man daraus nur schliessen kann, die Fortpflanzung des Lichtes sei eine ausserordentlich schnelle. *Descartes*, welcher der Ansicht war, dass sie momentan erfolgt, stützte sich, nicht ohne Grund, auf eine weit bessere, den Mondfinsternissen entnommene Beobachtung, welche jedoch, wie ich zeigen werde, nicht beweisend ist. Ich werde sie ein wenig anders als er darstellen, damit man ihre Tragweite besser ermessen kann.

Es sei A der Ort der Sonne, BD ein Theil der [5] Erdbahn oder des jährlichen Weges der Erde. ABC ist eine gerade Linie, welche, wie ich voraussetze, die durch den Kreis CD dargestellte Mondbahn in C trifft.

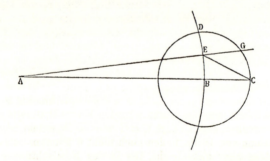

Wenn nun das Licht Zeit gebraucht, beispielsweise eine Stunde, um den Raum, welcher sich zwischen der Erde und dem Monde befindet, zu durchlaufen, so folgt daraus, dass, wenn die Erde nach B gelangt ist, der Schatten, den sie verursacht, oder die Absperrung des Lichtes noch nicht zum Punkte C gelangt sein, sondern dort erst eine Stunde später ankommen wird. Eine Stunde später also, von dem Augenblicke an gerechnet, seitdem die Erde in B war, wird der in C ankommende Mond daselbst verdunkelt werden; aber diese Verdunkelung oder

Lichtabsperrung wird erst in einer weiteren Stunde zur Erde gelangen. Nehmen wir an, dass dieselbe in den zwei Stunden nach E gelangt ist. Wenn nun die Erde sich in E befindet, so wird man den verfinsterten Mond im Punkte C erblicken, von dem er eine Stunde vorher ausgegangen ist, und zur selbigen Zeit wird man die Sonne in A sehen. Denn da sie unbeweglich ist, wie ich es mit *Copernicus* voraussetze, und das Licht sich in geraden Linien fortpflanzt, so muss sie immer dort erscheinen, wo sie ist. Aber man hat immer beobachtet, sagt man, dass der verfinsterte Mond an der der Sonne gegenüberliegenden Stelle der Ekliptik erscheint; hier würde er jedoch hinter dieser Stelle erscheinen, um den Winkel GEC, welcher den Winkel AEC zu zwei Rechten ergänzt. Dies widerspricht [6] also der Erfahrung, da der Winkel GEC sehr merklich wäre und ungefähr 33 Grad betragen würde. Denn gemäss unserer Berechnung, welche in der Abhandlung über die Ursache der Erscheinungen beim Saturn steht, beträgt die Entfernung BA zwischen der Erde und der Sonne beiläufig 12 Tausend Erddurchmesser und ist folglich 400mal grösser als die Entfernung des Mondes BC, welche 30 Durchmesser beträgt. Der Winkel ECB wird daher ungefähr 400mal grösser sein als BAE, der gleich fünf Minuten ist, d. h. als der Weg, welchen die Erde innerhalb zweier Stunden auf ihrer Bahn zurücklegt; und deshalb ist der Winkel BCE nahezu 33 Grad, und ebenso der Winkel CEG, der ihn um fünf Minuten übertrifft.

Man muss aber bedenken, dass die Geschwindigkeit des Lichtes in dieser Betrachtung so angenommen ist, dass es eine Stunde für den Weg von hier bis zum Monde gebraucht. Sobald man voraussetzt, dass es hierzu nur eine Minute Zeit nöthig hat, so wird offenbar der Winkel CEG nur 33 Minuten, und bei der Annahme von 10 Secunden noch nicht 6 Minuten betragen. Dann ist es aber nicht leicht, ihn in den Beobachtungen der Mondfinsterniss wahrzunehmen, und es ist darum nicht erlaubt, hieraus auf die augenblickliche Fortpflanzung des Lichtes zu schliessen.

Es könnte allerdings befremden, eine Geschwindigkeit anzunehmen, welche hunderttausendmal grösser als diejenige des Schalles sein würde. Der Schall legt nämlich nach meinen Beobachtungen ungefähr 180 Toisen in der Zeit einer Secunde oder eines Pulsschlages zurück.[2]) Jene Annahme dürfte aber nach meiner Ansicht nichts Unmögliches an sich haben; denn es handelt sich nicht um die Fortführung eines Körpers mit einer

so grossen Geschwindigkeit, sondern um eine folgeweise, von
den einen zu den anderen Körpern übergehende Bewegung.
Daher habe ich bei dem Nachdenken über diese Frage kein
Bedenken getragen anzunehmen, dass die Fortpflanzung des
Lichtes Zeit erfordert, weil sich auf diese Weise, wie ich erkannte, alle seine Erscheinungen erklären lassen, während nach
der entgegengesetzten Ansicht alles unverständlich wäre. Ich
habe nämlich stets, und viele Andere mit mir, gemeint, dass
selbst *Descartes*, welcher doch bestrebt war, alle Gegenstände
[7] der Physik in verständlicher Weise zu behandeln, und welchem dies gewiss auch viel besser gelungen ist als irgend einem
seiner Vorgänger, betreffs des Lichtes und seiner Eigenschaften
nichts gesagt hat, was nicht voller Schwierigkeiten oder sogar
unbegreiflich wäre.

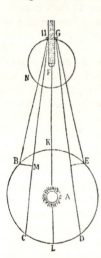

Uebrigens hat, was ich als blosse Hypothese einführte, seit Kurzem den hohen Rang
einer feststehenden Wahrheit erhalten durch
Römer's sinnreiche Beweisführung, welche
ich hier mittheilen will, in der Erwartung,
dass er selbst alles geben werde, was zu
ihrer Begründung dienen soll. Sie stützt
sich ebenso wie die vorhergehende Betrachtung auf Himmelsbeobachtungen, und beweist
nicht nur, dass das Licht auf seinem Wege
Zeit braucht, sondern lässt auch erkennen,
wieviel Zeit es braucht, und dass seine Geschwindigkeit sogar sechsmal grösser ist als
diejenige, welche ich vorhin annahm.

Römer benutzt die Verfinsterungen der
kleinen Planeten, die sich um den Jupiter
bewegen und öfter in seinen Schatten eintreten. Seine Ueberlegung ist folgende. Es
sei A die Sonne, $BCDE$ die jährliche Bahn
der Erde, F der Jupiter, GN die Bahn des
nächsten seiner Trabanten; denn dieser ist wegen der Geschwindigkeit seines Umlaufes für die vorliegende Untersuchung ge-
eigneter als jeder der drei anderen. Bei G möge dieser Satellit
in den Schatten des Jupiter ein- und in H aus dem Schatten
austreten.

Setzt man nun voraus, dass man den Trabanten, während
die Erde sich einige Zeit vor der letzten Quadratur im Punkte
B befindet, aus dem Schatten austreten sah, so müsste man,

wenn die Erde an derselben Stelle bliebe, nach $42\frac{1}{2}$ Stunden einen [8] ebensolchen Austritt beobachten; denn in dieser Zeit vollendet er den Umlauf seiner Bahn und kommt wieder in die Opposition zur Sonne zurück. Wenn nun die Erde beispielsweise während 30 Umläufe dieses Mondes immer in B bliebe, so würde man ihn gerade nach 30mal $42\frac{1}{2}$ Stunden wieder aus dem Schatten heraustreten sehen. Da aber die Erde während dieser Zeit bis nach C sich fortbewegt hat, indem sie sich mehr und mehr von dem Jupiter entfernt, so folgt daraus, dass, wenn das Licht für seine Fortpflanzung Zeit braucht, die Beleuchtung des kleinen Mondes in C später bemerkt werden wird, als dies in B geschehen wäre, und dass man zu der Zeit von 30mal $42\frac{1}{2}$ Stunden noch diejenige hinzufügen muss, welche das Licht gebraucht, um den Weg MC, nämlich die Differenz der Strecken CH und BH, zu durcheilen. Ebenso wird man in der anderen Quadratur, wenn die Erde von D bis nach E gelangt ist, indem sie sich dem Jupiter nähert, das Eintreten des Mondes G in den Schatten in E früher beobachten müssen, als dies geschehen sein würde, wenn die Erde in D geblieben wäre.

Aus zahlreichen Beobachtungen dieser Verfinsterungen während zehn aufeinander folgender Jahre haben sich nun diese Unterschiede als sehr beträchtlich herausgestellt, nämlich zu etwa 10 Minuten und darüber, und man hat daraus geschlossen, dass das Licht ungefähr 22 Minuten Zeit gebraucht, um den ganzen Durchmesser KL der Erdbahn zu durchlaufen, welcher doppelt so gross ist als die Entfernung von hier bis zur Sonne.

Die Bewegung des Jupiter in seiner Bahn, während die Erde von B bis nach C oder von D bis nach E gelangt, ist bei dieser Rechnung berücksichtigt; ferner wird bewiesen, dass man weder die Verzögerung der Beleuchtungen noch das verfrühte Eintreten der Verfinsterungen weder der Unregelmässigkeit in der Bewegung jenes kleinen Planeten, noch auch seiner Excentricität zuschreiben kann.

Wenn man die bedeutende Ausdehnung des Durchmessers KL erwägt, welcher nach meinen Untersuchungen etwa 24 000 Erddurchmesser beträgt, wird man einen Begriff von der ausserordentlichen Geschwindigkeit des Lichtes erhalten.[3]) Denn nimmt man an, dass KL nur 22 000 Erddurchmesser betrage, so leuchtet ein, dass [9] das Licht, indem es dieselben in 22 Minuten durchläuft, in einer Minute 1000 Durchmesser zurücklegt, in einer Secunde oder einem Pulsschlage demnach $16\frac{2}{3}$ Durchmesser, welche mehr als 110 Millionen Toisen ausmachen;

denn nach der genauen Messung, welche *Picard* auf den Befehl des Königs im Jahre 1669 angestellt hat, beträgt der Durchmesser der Erde 2865 Lieues, deren 25 auf einen Grad gehen, und jede Lieue 2282 Toisen. Der Schall legt dagegen, wie ich oben angeführt habe, nur 180 Toisen in derselben Zeit einer Secunde zurück; die Lichtgeschwindigkeit ist also mehr als 600 000mal so gross, als die Schallgeschwindigkeit. Eine solche Fortpflanzung ist gleichwohl etwas ganz anderes, als eine augenblickliche; denn zwischen jener und dieser besteht derselbe Unterschied wie zwischen dem Endlichen und dem Unendlichen. Da nun die allmähliche Fortpflanzung des Lichtes hiermit festgestellt ist, so folgt, wie ich schon gesagt habe, dass es sich ebenso wie der Schall in kugelförmigen Wellen ausbreitet.

Wenn sich auch beide hierin gleichen, so unterscheiden sie sich doch in mehreren anderen Beziehungen, nämlich durch die ursprüngliche Erzeugung der sie verursachenden Bewegung, durch das Mittel, in welchem diese Bewegung sich fortpflanzt, und durch die Art ihrer Mittheilung. Denn der Schall wird bekanntlich durch die plötzliche Erschütterung eines ganzen Körpers oder eines beträchtlichen Theiles hervorgebracht, welche die ganze umgebende Luft in Bewegung setzt. Die Lichtbewegung hingegen muss von jedem Punkte des leuchtenden Gegenstandes ausgehen, damit man alle verschiedenen Theile dieses Gegenstandes wahrnehmen könne, wie in der Folge deutlicher gezeigt werden soll. Nach meiner Meinung lässt sich diese Bewegung durch nichts besser als dadurch erklären, dass man annimmt, die leuchtenden Körper, welche, wie die Flamme und offenbar auch die Sonne und die Fixsterne, flüssig sind, seien aus Theilchen zusammengesetzt, welche in einer viel feineren Materie schwimmen, von welcher sie mit einer grossen Geschwindigkeit bewegt und gegen die umgebenden, viel kleineren Aethertheilchen gestossen werden; dass dagegen in den leuchtenden festen Körpern, wie Kohle oder glühendes Metall, [10] dieselbe Bewegung durch die heftige Erschütterung der Holz- oder Metalltheilchen verursacht werde, von denen die an der Oberfläche befindlichen ebenfalls gegen jene Aethermaterie prallen. Die Bewegung der Theilchen, welche das Licht erzeugen, muss übrigens viel schneller und heftiger sein, als diejenige der Körper, welche den Schall verursachen, denn wir sehen, dass die zitternde Bewegung eines tönenden Körpers ebensowenig im Stande ist, Licht zu erzeugen, wie die Bewegung der Hand in der Luft Schall hervorzubringen vermag.

Die jetzt folgende Untersuchung über das Wesen der von mir Aether genannten Materie, in welcher die von den leuchtenden Körpern kommende Bewegung sich ausbreitet, wird zeigen, dass diese Substanz nicht dieselbe ist wie diejenige, welche zur Ausbreitung des Schalles dient. Denn man findet, dass die letztere nichts anderes als die Luft ist, welche wir fühlen und athmen; und dass, wenn man sie wegnimmt, die andere dem Lichte dienende Materie noch immer zurückbleibt. Dies beweist man dadurch, dass man einen tönenden Körper in ein Glasgefäss einschliesst, aus welchem man sodann die Luft mit der von *Boyle* erfundenen und zu so vielen schönen Versuchen benutzten Luftpumpe herauszieht.[4]) Wenn man das hier erwähnte Experiment anstellt, so muss man sorgfältig darauf bedacht sein, den tönenden Körper auf Baumwolle oder Federn zu legen, sodass er seine Erzitterungen weder dem ihn umschliessenden Glasgefässe noch auch der Maschine mittheilen kann, was bis jetzt vernachlässigt worden ist. Denn dann wird man, wenn alle Luft ausgepumpt ist, den Klang des Metalles gar nicht hören, obgleich es angeschlagen wird.

Man ersieht hieraus nicht nur, dass unsere Luft, die das Glas nicht durchdringt, diejenige Materie ist, durch welche der Schall sich fortpflanzt, sondern auch, dass das Licht sich nicht etwa ebenfalls in der Luft, sondern in einer anderen Materie ausbreitet, da das Licht, selbst wenn man die Luft aus jenem Gefässe entfernt hat, durch dasselbe ebenso wie vorher hindurchgeht.

Letzteres tritt noch deutlicher hervor [11] bei dem berühmten *Torricelli*'schen Versuch, wo der ganz luftleer bleibende Theil der Glasröhre, aus welcher sich das Quecksilber zurückgezogen hat, das Licht ebenso durchlässt, als wenn Luft darin ist. Dies beweist, dass ein von der Luft verschiedener Stoff sich in der Röhre befindet, und dass diese Materie entweder das Glas oder das Quecksilber oder alle beiden für die Luft undurchdringlichen Körper durchdrungen haben muss. Und stellt man bei diesem Versuch das Vacuum her, indem man ein wenig Wasser über das Quecksilber bringt, so folgt in ähnlicher Weise, dass die erwähnte Materie durch das Glas oder das Wasser oder durch alle beide hindurchgeht.

Was die bereits erwähnte Verschiedenheit in der Art der Fortpflanzung der Schall- und Lichtbewegung anbelangt, so kann man beim Schall den Vorgang so ziemlich verstehen, wenn man beachtet, dass die Luft zusammengepresst und auf einen viel geringeren Raum beschränkt werden kann, als sie gewöhnlich einnimmt, und dass sie in dem Maasse, als sie comprimirt ist, sich wiederum auszudehnen strebt. Dieser Umstand, in Verbindung mit ihrer Durchdringlichkeit, welche ihr trotz der Compression verbleibt, scheint zu beweisen, dass sie aus kleinen Körperchen gebildet wird, welche in der aus viel kleineren Theilchen zusammengesetzten Aethermaterie schwimmen und darin sehr schnell hin- und herbewegt werden. Die Ursache für die Ausbreitung der Schallwellen ist hiernach das den sich untereinander stossenden Körperchen innewohnende Bestreben, sich wieder von einander zu entfernen, sobald sie im Umfang dieser Wellen ein wenig mehr als anderswo zusammengedrängt sind.

Die ausserordentliche Geschwindigkeit und die übrigen Eigenschaften des Lichtes würden dagegen eine solche Fortpflanzung der Bewegung nicht zulassen; und ich will nun zunächst darlegen, von welcher Art dieselbe nach meiner Ansicht sein muss. Ich muss zu diesem Zwecke erklären, auf welche Weise die harten Körper ihre Bewegung einander mittheilen.

Nimmt man eine Anzahl gleichgrosser Kugeln aus sehr hartem Material und ordnet sie in gerader Linie [12] so, dass sie sich berühren, so wird, wenn eine gleiche Kugel gegen die erste derselben stösst, die Bewegung wie in einem Augenblick bis zur letzten gelangen, welche sich von der Reihe trennt, ohne dass man bemerkt, dass die übrigen sich bewegt hätten; und diejenige, welche den Stoss ausgeübt hat, bleibt sogar unbeweglich mit ihnen vereinigt. Es offenbart sich also hierin ein Bewegungsübergang von ausserordentlicher Geschwindigkeit, welche um so grösser ist, je grössere Härte die Substanz der Kugeln besitzt.

Dieses Fortschreiten der Bewegung geschieht aber, wie ferner feststeht, nicht augenblicklich, sondern nach und nach; es ist demnach Zeit dazu nothwendig. Denn wenn die Bewegung oder, wenn man will, die Neigung zur Bewegung nicht nach und nach durch alle Kugeln ginge, so würden sie dieselbe alle zu gleicher Zeit annehmen und demnach alle zusammen vorwärts gehen; dies geschieht jedoch nicht, sondern die letzte verlässt die Reihe gänzlich, und nimmt die Geschwindigkeit derjenigen an, welche gestossen hat. Es giebt ferner Versuche, welche beweisen, dass alle diejenigen Körper, welche wir zur Classe der sehr harten zählen, wie gehärteter Stahl, Glas und Achat, elastisch sind und einigermaassen nachgeben, nicht nur, wenn sie zu Stäben ausgestreckt, sondern auch, wenn sie kugelförmig oder anders gestaltet sind. Dieselben werden nämlich an der Stelle, wo sie gestossen werden, ein wenig eingedrückt und nehmen dann sogleich ihre frühere Gestalt wieder an. Denn ich habe gefunden, dass, wenn ich mit einer Glas- oder Achatkugel gegen ein grosses und sehr dickes Stück desselben Stoffes schlug, welches eine ebene und mit dem Athem oder anders auch noch so wenig getrübte Oberfläche hatte, darauf grössere oder kleinere runde Flecke zurückblieben, je nachdem der Schlag stark oder schwach war. Hieraus ersieht man, dass diese Stoffe beim Aufeinanderstossen nachgeben, und sodann in ihre frühere Form wieder zurückgehen, wozu sie nothwendiger Weise Zeit gebrauchen.

Um nun diese Bewegungsart auf diejenige anzuwenden, durch welche das Licht erzeugt wird, so hindert uns nichts, die Annahme zu machen, dass die Aethertheilchen [13] aus einer Materie bestehen, welche der vollkommenen Härte sich so sehr nähert und so grosse Elasticität besitzt, als wir wollen. Für den vorliegenden Zweck brauchen wir weder die Ursache für eine solche Härte noch diejenige für die Elasticität zu untersuchen, da diese Betrachtung uns zu weit von unserem Gegenstand abführen würde. Ich möchte jedoch beiläufig bemerken, dass man sich vorstellen kann, dass die Aethertheilchen trotz ihrer Kleinheit noch aus anderen Theilen zusammengesetzt sind und dass ihre Elasticität in der äusserst raschen Bewegung einer feinen Materie besteht, welche sie von allen Seiten durchdringt und ihre Verkettung so ordnet, dass dieser flüssigen Materie ein möglichst freier und leichter Durchgang gewährt wird. Es stimmt dies mit der Erklärung überein, welche *Descartes* von der Elasticität giebt; nur setze ich nicht wie er Poren in Form von hohlen, runden Kanälen voraus. Man darf übrigens nicht denken, dass in der vorstehenden Anschauung etwas Absurdes oder Unmögliches liegt; im Gegentheil ist es recht glaublich, dass die Natur gerade diese unendliche Abstufung verschiedener Grössen der Körpertheilchen und die mannigfachen Grade ihrer Geschwindigkeit dazu benutzt hat, so viele wundervolle Wirkungen hervorzubringen.

Wenn wir aber auch die wahre Ursache der Elasticität nicht kennen, so sehen wir doch immerhin, dass es viele Körper giebt, welche diese Eigenschaft besitzen; darum hat es auch nichts Seltsames an sich, sie auch bei unsichtbaren Körpertheilchen, wie die des Aethers, vorauszusetzen. Wollte man jedoch eine andere Art der successiven Mittheilung der Lichtbewegung

aufsuchen, so wird man dafür keine finden, welche besser
als die Elasticität mit dem gleichmässigen Fortschreiten übereinstimmt, welches nothwendig erscheint, weil diese Bewegung,
wenn sie nach Maassgabe ihrer Vertheilung auf mehr Materie
bei der Entfernung von der Lichtquelle sich verlangsamen
würde, nicht diese grosse Geschwindigkeit auf so grosse Entfernungen würde beibehalten können. Setzt man dagegen Elasticität in der Aethermaterie voraus, so besitzen deren Theilchen
die Eigenschaft, gleich rasch zurückzuschnellen, mögen sie stark
oder schwach angestossen werden; und so wird das Fortschreiten
des Lichtes [14] immer mit gleicher Geschwindigkeit erfolgen.

Hierbei ist noch zu bemerken, dass, obgleich die Aethertheilchen nicht so wie in unserer Kugelreihe in gerader Linie,
sondern ohne Ordnung sich aneinander lagern, sodass eins von
ihnen mehrere andere berührt, dieser Umstand doch nicht hindert, dass sie ihre Bewegung fortpflanzen und immer nach vorwärts ausbreiten. Hierbei ist ein Gesetz dieser Fortpflanzungsart zu beachten, das durch die Erfahrung bestätigt wird. Wenn
nämlich eine Kugel, wie in beistehender Figur
A, mehrere andere ihr gleiche CCC berührt,
und wenn sie durch irgend eine andere Kugel B
getroffen wird, sodass sie auf alle von ihr berührten CCC einen Stoss ausübt, so überträgt
sie ihre ganze Bewegung, und bleibt hierauf unbeweglich wie auch die Kugel B. Auch ohne
die Voraussetzung, dass die Aethertheilchen kugelförmig seien (denn ich sehe nicht ein, dass
man sie so annehmen muss), begreift man sehr
gut, dass diese Eigenschaft des Stosses zur Ausbreitung der
Bewegung jedenfalls beiträgt. [5])

Die Gleichheit der Grösse der Theilchen scheint hierzu nothwendiger zu sein; denn anderen Falles, wenn die Bewegung von
einem kleineren zu einem grösseren Theilchen überginge, müsste
nach den Gesetzen des Stosses, welche ich vor einigen Jahren
veröffentlicht habe, eine Reflexion der Bewegung nach rückwärts
stattfinden.

Indessen wird man später sehen, dass die Voraussetzung
dieser Gleichheit nicht so sehr für die Fortpflanzung des Lichtes
überhaupt als vielmehr dafür nothwendig ist, dass es sich leichter
und kräftiger fortpflanze; auch ist es nicht unwahrscheinlich,
dass die Aethertheilchen für eine so beträchtliche Wirkung wie
diejenige des Lichtes gleich gemacht worden sind, wenigstens

in dem weiten Raume ausserhalb der Luftregion, welcher nur dazu zu dienen scheint, das Licht [15] der Sonne und der Gestirne fortzupflanzen.

Ich habe also gezeigt, auf welche Weise man sich die allmähliche Ausbreitung des Lichtes durch kugelförmige Wellen vorstellen kann, und wie es möglich ist, dass diese Fortpflanzung mit einer so grossen Geschwindigkeit geschieht, wie die Versuche und die astronomischen Beobachtungen sie fordern. Hierzu muss jedoch noch bemerkt werden, dass, obgleich man die Aethertheilchen in beständiger Bewegung annimmt (hierfür giebt es nämlich sehr viele Gründe), die Fortpflanzung der Wellen dadurch nicht gehindert werden kann; denn sie besteht nicht in der Fortbewegung dieser Theilchen, sondern nur in einer geringen Erschütterung, welche sie trotz der ganzen sie hin und her treibenden und ihre gegenseitige Lage verändernden Bewegung auf die umgebenden Theilchen zu übertragen gezwungen sind.

Es ist aber nöthig, den Ursprung dieser Wellen und die Art ihrer Fortpflanzung noch eingehender zu betrachten. Zunächst folgt nämlich aus den obigen Bemerkungen über die Erzeugung des Lichtes, dass jede kleine Stelle eines leuchtenden Körpers, wie der Sonne, einer Kerze oder einer glühenden Kohle, ihre Wellen erzeugt, deren Mittelpunkt diese Stelle ist. Sind demnach in einer Kerzenflamme A, B, C verschiedene Punkte, so stellen die um jeden dieser Punkte beschriebenen concentrischen Kreise die Wellen dar, welche von ihnen ausgehen. Ebenso muss man sich solche Kreise um jeden Punkt der Fläche und eines Theiles des Inneren der Flamme beschrieben denken

Da aber die Stösse im Mittelpunkte dieser Wellen nicht in regelmässiger Reihenfolge stattfinden, so braucht man sich auch nicht vorzustellen, dass die Wellen selbst in gleichen Abständen auf einander folgen; und wenn diese Enfernungen in der nebenstehenden Figur so erscheinen, so hat dies vielmehr den Zweck, [16] das Vorrücken einer und derselben Welle in gleichen Zeiten anzudeuten, als um mehrere von demselben Centrum ausgegangene Wellen darzustellen.

Es braucht übrigens eine solche ungeheure Menge von Wellen, welche sich ohne Störung durchkreuzen, und ohne sich gegenseitig aufzuheben, nicht unbegreiflich zu erscheinen, da bekanntlich ein und dasselbe Stofftheilchen mehrere Wellen fortpflanzen kann, welche von verschiedenen oder sogar von entgegengesetzten Seiten kommen, nicht nur, wenn dasselbe durch nahe nacheinander folgende, sondern sogar auch, wenn es durch Stösse getroffen wird, welche in demselben Augenblick darauf einwirken. Der Grund hierfür ist die allmählich fortschreitende Bewegung. Es lässt sich dies durch die oben erwähnte Reihe gleicher Kugeln aus hartem Stoffe nachweisen; denn wenn man

gegen dieselbe von den beiden entgegengesetzten Seiten in demselben Moment ähnliche Kugeln A und D stösst, so wird man jede mit derselben Geschwindigkeit, welche sie beim Aufprall hatte, zurückschnellen und die ganze Reihe an ihrer Stelle verharren sehen, obgleich die Bewegung vollständig und zwar zweimal durch sie hindurchgegangen ist. Wenn aber die einander entgegengesetzten Bewegungen sich gerade in der mittelsten Kugel B oder in irgend einer anderen C treffen, so muss sie sich auf beiden Seiten einbiegen und zurückschnellen und so in demselben Augenblick zur Fortpflanzung beider Bewegungen dienen.

Zunächst könnte es nun sehr befremdlich und sogar unglaublich erscheinen, dass die durch die Bewegung so kleiner Körperchen hervorgebrachten Wellen sich bis auf so ungeheure Entfernungen fortzupflanzen vermögen, wie z. B. von der Sonne oder den Fixsternen bis zur Erde. Denn die Kraft dieser Wellen muss sich in dem Maasse abschwächen, in welchem sie sich von ihrem Ursprunge entfernen, so dass die Wirkung einer jeden für sich allein ohne Zweifel unfähig werden wird, sich unserem Gesichtssinne wahrnehmbar zu machen. Man wird indessen aufhören zu staunen, wenn man erwägt, dass in einer grossen Entfernung vom leuchtenden [17] Körper eine Unzahl von Wellen, obwohl sie von verschiedenen Punkten des Körpers ausgesandt sind, sich vereinigen, so dass sie nur eine einzige Welle bilden, welche demnach genug Kraft besitzen muss, um sich bemerklich zu machen. Die unendliche Zahl von Wellen, welche in demselben Momente von allen Punkten eines Fixsternes, etwa eines so grossen wie die Sonne, herkommen, bilden nahezu nur eine einzige Welle, welche allerdings genügend Kraft besitzen kann, um auf unsere Augen Eindruck zu machen. Zudem trägt der Umstand, dass von jedem leuchtenden Punkte infolge der häufigen Stösse der Körpertheilchen, welche in diesen Punkten den Aether treffen, mehrere Tausend Wellen in der denkbar kürzesten Zeit ausgehen, noch dazu bei, ihre Wirkung merklicher zu machen.

Hinsichtlich der Fortpflanzung dieser Wellen ist ferner noch zu bedenken, dass jedes Theichen des Stoffes, in welchem eine Welle sich ausbreitet, nicht nur dem nächsten Theilchen, welches in der von dem leuchtenden Punkte aus gezogenen geraden Linie liegt, seine Bewegung mittheilen muss, sondern nothwendig allen übrigen davon abgiebt, welche es berühren und sich seiner Bewegung widersetzen. Daher muss sich um jedes Theilchen eine Welle bilden, deren Mittelpunkt dieses Theilchen ist. Wenn also DCF eine Welle ist, welche von dem leuchtenden Punkte A als Centrum ausgegangen ist, so wird das Theilchen B, das zu den von der Kugel DCF umschlossenen gehört, seine die Welle DCF in C berührende besondere Welle KCL in demselben Augenblicke gebildet haben, in welchem die von A ausgesandte Hauptwelle in DCF [18] angelangt ist; und es ist klar, dass die Welle KCL die Welle DCF eben nur in dem Punkte C berührt, d. h. in demjenigen, welcher auf der durch AB gezogenen Geraden liegt. Auf dieselbe Weise bildet jedes andere Theilchen innerhalb der Kugel

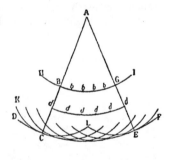

DCF, wie bb, dd u. s. w., seine eigene Welle. Jede dieser Wellen kann indessen nur unendlich schwach sein im Vergleich zu der Welle DCF, zu deren Bildung alle übrigen beitragen mit demjenigen Theil ihrer Oberfläche, welcher von dem Mittelpunkte A am weitesten entfernt ist.

Man sieht ferner, dass die Welle DCF bestimmt wird durch die äusserste Grenze der Bewegung, welche von dem Punkte A in einem gewissen Zeitraume ausgegangen ist; denn jenseits dieser Welle findet keine Bewegung statt, wohl aber in dem von ihr umschlossenen Raume, nämlich in denjenigen Theilen der besonderen Wellen, welche die Kugel DCF nicht berühren. Man darf nicht etwa meinen, dass alles dies zu spitzfindig und allzu gesucht sei; denn man wird in der Folge sehen, dass alle Eigenschaften des Lichtes und alles, was auf seine Zurückwerfung und Brechung Bezug hat, sich hauptsächlich aus dieser Anschauung erklärt. Gerade dieser Punkt ist denjenigen entgangen, welche angefangen haben, das Licht als Wellenbewegung zu betrachten, wie *Hooke* in seiner Mikrographie und Pater *Pardies*, der in einer Abhandlung, von der er mir einen Theil gezeigt hat und die er wegen seines kurz darauf erfolgten Todes nicht vollenden konnte, die Erscheinungen der Spiegelung und Brechung durch solche Wellen zu erklären unternommen hatte. [6]) Allein die wichtigste Grundlage, welche in der von mir soeben angestellten Betrachtung besteht, fehlte seinen Beweisen; auch im Uebrigen hatte er von den meinigen sehr abweichende Ansichten, wie man vielleicht eines Tages sehen wird, wenn seine Schrift sich erhalten hat.

Um nun zu den Eigenschaften des Lichtes überzugehen, bemerke ich zuerst, dass jeder Wellentheil sich in der Weise ausbreiten muss, dass seine äussersten Grenzen immer zwischen den nämlichen vom leuchtenden Punkte aus gezogenen geraden Linien bleiben. Der Wellentheil BG, [19] welcher den leuchtenden Punkt A zum Mittelpunkte hat, wird sich also bis zu dem von den Geraden ABC, AGE begrenzten Bogen CE ausbreiten. Obgleich nämlich die Einzelwellen, welche durch die im Raume CAE enthaltenen Theilchen erzeugt werden, auch ausserhalb dieses Raumes sich ausbreiten, so treffen sie gleichwohl nirgends sonst, als eben nur in dem Bogen CE, ihrer gemeinschaftlichen Berührungslinie, im nämlichen Augenblick zusammen, um gemeinsam eine die Bewegung abgrenzende Welle zu bilden.

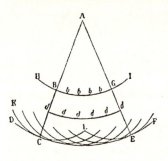

Hierin liegt der Grund, warum das Licht, sofern wenigstens seine Strahlen nicht zurückgeworfen oder gebrochen werden, sich nur in geraden Linien fortpflanzt, so dass es einen jeden Gegenstand nur dann beleuchtet, wenn der Weg von seiner Quelle bis zu diesem Gegenstande längs solcher Linien offen steht. Denn wenn beispielsweise eine Oeffnung BG vorhanden wäre, welche durch undurchsichtige Körper BH, GJ begrenzt

ist, so würden gemäss vorstehender Darlegung die von dem
Punkte A kommenden Wellen immer durch die Geraden AC,
AE begrenzt werden, da diejenigen Theile der Einzelwellen,
welche sich über den Raum ACE hinaus ausbreiten, zu schwach
sind, um daselbst Licht hervorzubringen. [7]

Wie klein nun auch immer die Oeffnung BG gemacht wird,
so bleibt der Grund dafür, dass das Licht zwischen geraden
Linien hindurchgeht, doch immer der nämliche; denn diese
Oeffnung ist stets gross genug, um eine grosse Anzahl der unbegreiflich kleinen Theilchen der Aethermaterie zu enthalten;
es leuchtet somit ein, dass sich jeder kleine Wellentheil längs
der geraden Linie fortbewegen muss, welche von dem leuchtenden Punkte ausgeht. Und eben darum [20] kann man die Lichtstrahlen als gerade Linien auffassen.

Im Hinblick auf die Bemerkung über die Schwäche der Einzelwellen ist es übrigens nicht unbedingt erforderlich, dass
sämmtliche Aethertheilchen unter einander gleich sind, obgleich
ihre Gleichheit für die Fortpflanzung der Bewegung günstiger
ist. Denn die Ungleichheit wird allerdings zur Folge haben,
dass ein Theilchen, wenn es auf ein grösseres trifft, mit einem
Theile seiner Bewegung zurückweicht; aber dadurch werden
nur einige rückwärts zum leuchtenden Punkt gehende Einzelwellen veranlasst, welche unfähig sind, Licht zu erzeugen, aber
keine aus mehreren zusammengesetzte Hauptwelle, wie etwa
CE.

Eine andere, und mit die wunderbarste Eigenschaft des
Lichtes besteht darin, dass die von verschiedenen oder selbst
entgegengesetzten Richtungen kommenden Lichtstrahlen einander durchdringen und ohne irgend eine Behinderung ihre
Wirkung ausüben. Daher kommt es auch, dass mehrere Beobachter gleichzeitig durch ein und dieselbe Oeffnung verschiedene Gegenstände sehen können und dass von zwei Personen
jede zu gleicher Zeit die Augen der anderen sieht. Gemäss
unserer Erklärung der Wirkungsweise des Lichtes, und der
Art, wie die Wellen sich weder aufheben noch beim Kreuzen
einander unterbrechen, lassen sich die soeben erwähnten Erscheinungen leicht begreifen, während dies, wie ich glaube, bei
Zugrundelegung der Ansicht von *Descartes* durchaus nicht möglich ist, da derselbe das Licht in einem continuirlichen Druck
bestehen lässt, der nur das Streben zur Bewegung hervorruft.
Denn da dieser Druck nicht gleichzeitig von zwei entgegengesetzten Seiten auf Körper einwirken kann, welche keine

Neigung haben sich zu nähern, so ist es unmöglich zu verstehen, dass zwei Personen, wie ich vorhin bemerkte, wechselseitig ihre Augen sehen, noch auch wie zwei Fackeln einander beleuchten können.

[21]   Kapitel II.

Ueber die Reflexion.

Nachdem die Erscheinungen der in einem homogenen Mittel sich ausbreitenden Lichtwellen erklärt sind, wenden wir uns zur Betrachtung der Vorgänge bei ihrem Zusammentreffen mit anderen Körpern. Zuerst werden wir zeigen, wie sich durch dieselben Wellen die Reflexion des Lichtes erklärt, und warum dabei die Gleichheit der Winkel gewahrt bleibt. Es sei AB eine ebene und polirte Fläche aus irgend einem Metall, aus Glas oder einem anderen Stoffe, welche ich zunächst als vollkommen glatt ansehen werde (mit dem Vorbehalt, von deren unvermeidlichen Unebenheiten erst am Schlusse der gegenwärtigen Beweisführung zu sprechen), während eine gegen AB geneigte Linie AC einen Theil einer Lichtwelle darstellen möge, deren Mittelpunkt so weit entfernt sei, dass der Theil AC als eine gerade Linie angesehen werden könne.

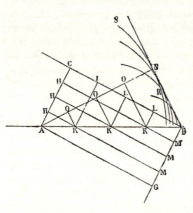

Ich beschränke nämlich meine ganze Betrachtung auf eine einzige Ebene und stelle mir vor, dass die Ebene, in welcher die nebenstehende Figur liegt, die kugelförmige Welle in dem Mittelpunkte und die Ebene AB unter rechten Winkeln schneidet. Es möge genügen, dies ein für alle mal anzumerken.

[22] Die Bewegung im Punkt C der Welle AC wird längs der Geraden CB, welche man sich vom leuchtenden Centrum kommend denken muss und die demnach auf AC senkrecht

steht, in einem gewissen Zeitraum bis zur Ebene AB nach B fortgerückt sein. In derselben Zeit muss nun die Bewegung im Punkt A dieser Welle, da dieselbe gänzlich oder wenigstens zum Theil verhindert ist, sich über die Ebene AB hinaus fortzupflanzen, gemäss der obigen Auseinandersetzung sich in dem oberhalb dieser Ebene befindlichen Medium fortgesetzt und darin eine CB gleiche Strecke durchmessen haben, indem sie ihre besondere sphärische Welle erzeugt. Diese Welle wird in der Figur durch den Kreis SNR dargestellt, dessen Mittelpunkt A und dessen Halbmesser AN gleich CB ist.

Betrachten wir nunmehr die anderen Stellen H der Welle AC, so ist klar, dass dieselben nicht nur auf den zu CB parallelen Geraden HK die Fläche AB erreicht, sondern auch ausserdem noch in dem durchsichtigen Medium kugelförmige Einzelwellen mit den Mittelpunkten K veranlasst haben. Diese Wellen werden in der Figur durch Kreise dargestellt, deren Halbmesser die Strecken KM sind, d. h. die Verlängerungen der Geraden HK bis zu der mit AC parallelen Geraden BG. Alle diese Kreise aber haben, wie man leicht erkennt, die Linie BN zur gemeinschaftlichen Tangente, dieselbe, welche von B aus an den ersten dieser Kreise, dessen Mittelpunkt A und dessen Halbmesser AN gleich BC ist, als Tangente gezogen wurde.

Die Linie BN (enthalten zwischen B und dem Punkte N, dem Fusspunkte der von A auf sie gefällten Senkrechten) wird also gleichsam von allen jenen Kreisen gebildet und begrenzt die Bewegung, welche durch die Reflexion der Welle AC entsteht; und gerade hier ist deshalb die Bewegung in viel grösserem Betrage als anderswo vorhanden. Darum ist nach der obigen Auseinandersetzung BN die Fortsetzung der Welle AC, in

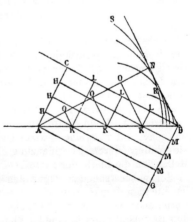

dem Augenblick, in welchem ihre Stelle C in B angelangt ist. Denn es giebt keine andere Linie, welche wie BN alle genannten Kreise berührt, ausser der unterhalb der Ebene AB liegenden

Geraden BG, welche die Fortsetzung der Welle sein würde,
wenn die [23] Bewegung sich in einem Mittel hätte ausbreiten
können, das dem oberhalb der Ebene befindlichen homogen wäre.
Will man sich klar machen, wie die Welle AC allmählich nach
BN vorgerückt ist, so hat man nur die zu BN, bezüglich AC
parallelen Linien KO und KL zu ziehen. Man erkennt so,
dass die Welle AC aus einer geraden nacheinander in sämmtliche gebrochenen Linien OKL übergegangen und in NB wieder gerade geworden ist.

Hieraus folgt nun, dass der Reflexionswinkel gleich dem Einfallswinkel ist. Denn da die rechtwinkeligen Dreiecke ACB,
BNA die Seite AB gemeinsam haben und die Seite CB gleich
NA ist, so müssen die diesen Seiten gegenüberliegenden Winkel
gleich sein, und folglich auch die Winkel CBA und NAB.
Da aber CB, das Loth auf CA, die Richtung des einfallenden
und ebenso AN, das Loth auf BN, die Richtung des reflectirten
Strahles angiebt, so sind folglich diese Strahlen gegen die
Ebene AB gleich geneigt.

Bei der Prüfung des vorstehenden Beweises würde man indessen einwenden können, dass freilich BN die gemeinschaftliche Tangente der kreisförmigen Wellen in der Ebene der Zeichnung ist, dass aber diese Wellen, da sie in Wahrheit kugelför-
förmig sind, noch eine Unzahl ähnlicher Tangenten besitzen,
nämlich alle Geraden, die vom Punkte [24] B in der Oberfläche
eines Kegels gezogen werden, der von der Linie BN um BA
als Achse beschrieben wird. Es bleibt also noch übrig nachzuweisen, dass hierin keine Schwierigkeit liegt, wobei man zugleich einsehen wird, warum der einfallende und zurückgeworfene Strahl stets in einer und derselben zur reflectirenden Ebene
senkrechten Ebene liegen. Ich behaupte nämlich, dass die
Welle AC, wenn sie nur als Linie angesehen wird, kein Licht
hervorbringt. Denn ein sichtbarer Lichtstrahl, so dünn er auch
sein mag, hat stets eine gewisse Dicke; folglich muss man, um
die Wellen, deren Fortpflanzung dieser Strahl bildet, darzustellen, an die Stelle der Linie AC eine ebene Figur setzen, wie
in der nebenstehenden Figur den Kreis HC, wobei wir den
leuchtenden Punkt, wie wir es gethan haben, in unendlicher
Ferne annehmen. Nun erhellt aber leicht aus der vorhergehenden Beweisführung, dass jeder kleine Theil der Welle HC, sobald er bis zur Ebene AB gelangt ist, von dort aus seine Einzelwelle erzeugt; diese werden sämmtlich, sobald C in B angekommen ist, eine gemeinschaftliche Berührungsebene besitzen,

nämlich einen mit CH gleichen Kreis BN, welcher in dem Mittelpunkte und rechtwinklig von derselben Ebene durchschnitten wird, welche auch den Kreis CH und die Ellipse AB so schneidet.

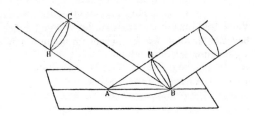

Man sieht auch, dass diese Kugelflächen der Einzelwellen keine andere gemeinschaftliche Berührungsebene haben können als den [25] Kreis BN, so dass gerade in dieser Ebene viel mehr reflectirte Bewegung vorhanden sein wird als überall sonstwo, und dass sie deshalb das von der Welle CH fortgepflanzte Licht in sich tragen wird.

Ich habe ferner in der vorstehenden Beweisführung gesagt, dass die Bewegung des Punktes A der einfallenden Welle sich nicht oder wenigstens nicht vollständig über die Ebene AB hinaus fortpflanzen kann. Man muss hierbei beachten, dass trotz des theilweisen Uebergangs der Bewegung aus der Aethermaterie in diejenige des reflectirenden Körpers die Fortpflanzungsgeschwindigkeit der Wellen, von welcher der Reflexionswinkel abhängt, durchaus nicht verändert werden kann. Denn ein leichter Stoss muss in derselben Substanz ebenso schnelle Wellen erzeugen als ein sehr starker. Dies rührt von der oben bereits erwähnten Eigenschaft der elastischen Körper her, dass sie, mögen sie wenig oder viel zusammengedrückt werden, in gleichen Zeiten in ihren früheren Zustand zurückkehren. Folglich müssen bei jeder Zurückwerfung des Lichtes, an welchem Körper sie auch erfolge, die Reflexions- und Einfallswinkel einander gleich sein, auch wenn der Körper infolge seiner Natur einen Theil der auffallenden Lichtbewegung hinwegnähme. Die Erfahrung beweist, dass es in der That keinen polirten Körper giebt, dessen Reflexion diese Regel nicht befolgte.

Bei unserer Beweisführung ist übrigens noch besonders zu beachten, dass dieselbe nicht fordert, dass die reflectirende Fläche als völlig eben angesehen werde, wie alle diejenigen angenommen haben, welche bisher die Reflexionserscheinungen zu erklären versucht haben, sondern nur eine solche Glätte verlangt, wie sie durch die Nebeneinanderlagerung der Stofftheilchen des reflectirenden Körpers gebildet werden kann. Diese Theilchen sind übrigens grösser als diejenigen der Aethermaterie, wie man aus den Bemerkungen erkennen wird, welche ich bei der Behandlung der Durchsichtigkeit und Undurchsichtigkeit der Körper machen werde. Denn da die Oberfläche hiernach aus nebeneinander liegenden materiellen Theilchen besteht und die Aethertheilchen sich darüber befinden und kleiner sind, so leuchtet ein, dass man die Gleichheit der Einfalls- und Reflexionswinkel [26] durch den bisher üblichen Vergleich mit dem Anprall einer Kugel gegen eine Mauer nicht wird beweisen können, wogegen sich die Sache nach unserer Auffassungsweise ohne Schwierigkeit erklärt. Denn da die Theilchen des Quecksilbers zum Beispiel so klein sind, dass man in einem noch so kleinen sichtbaren Theile der Oberfläche Millionen derselben sich denken muss, welche angeordnet sind wie ein Haufen Sandkörner, den man möglichst glatt gestrichen hätte, so wird diese Fläche alsdann für uns so eben wie polirtes Glas; und obschon sie für die Aethertheilchen immer uneben bleibt, so ist doch klar, dass die Mittelpunkte aller jener reflectirten kugelförmigen Einzelwellen nahezu in ein und derselben Ebene liegen, und dass sich ihnen folglich die gemeinsame Tangentialebene so vollkommen anschmiegen kann, als dies zur Erzeugung des Lichtes nöthig ist. Und nur dies allein ist bei unserer Darstellung erforderlich, um die Gleichheit der genannten Winkel zu beweisen, ohne dass die übrige, nach allen Richtungen zurückgeworfene Bewegung irgend eine hinderliche Wirkung hervorbringen könnte.

Kapitel III.

Ueber die Brechung.

Ebenso wie die Erscheinungen der Zurückwerfung durch die an der Oberfläche glatter Körper reflectirten Lichtwellen erklärt worden sind, werden wir nunmehr die Durchsichtigkeit und die Erscheinungen der Brechung durch die Wellen erklären, welche sich im Innern und durch die durchsichtigen Körper fortpflanzen, mögen diese fest sein wie das Glas, oder flüssig wie das Wasser, die Oele u. s. w. Damit jedoch die Annahme des Durchgangs der Wellen durch das Innere dieser Körper nicht befremdlich erscheine, werde ich zunächst zeigen, dass man sich denselben auf mehrfache Weise als möglich vorstellen kann.

Wenn nämlich erstlich die Aethermaterie überhaupt [27] nicht die durchsichtigen Körper durchdringen würde, so müssten deren Theilchen doch ebenso wie diejenigen des Aethers, da sie wie diese nach unserer Annahme von Natur elastisch sind, die Wellenbewegung fortpflanzen können. Dies ist beim Wasser und bei anderen durchsichtigen Flüssigkeiten leicht einzusehen, da dieselben aus losen Theilchen zusammengesetzt sind. Beim Glase dagegen und bei anderen durchsichtigen harten Körpern kann dies schwieriger erscheinen, weil ihnen ihre Festigkeit nicht zu gestatten scheint, Bewegung anders als gleichzeitig in ihrer ganzen Masse anzunehmen. Dies ist jedoch nicht nothwendig, weil diese Festigkeit nicht eine solche ist, wie sie uns erscheint; es ist vielmehr wahrscheinlich, dass diese Körper nur aus nebeneinander gelagerten Theilchen gebildet sind, welche durch irgend einen äusseren Druck einer anderen Materie und durch die Regellosigkeit ihrer Formen zusammengehalten werden. Denn erstlich offenbart sich ihr lockeres Gefüge durch die Leichtigkeit, mit welcher der Stoff der magnetischen Wirbel und diejenige Materie hindurchgeht, welche die Schwere verursacht. Ferner kann man nicht sagen, dass diese Körper ein Gefüge ähnlich dem eines Schwammes oder der Brotkrume besitzen, weil ja die Hitze des Feuers sie schmilzt und dadurch die gegenseitige Lage ihrer Theilchen ändert. Es bleibt also nur übrig, dass sie, wie bereits gesagt wurde, Anhäufungen von Theilchen sind, welche sich berühren, ohne eine continuirliche feste Masse zu bilden. Ist dies so, so kann die Bewegung, welche diese Theilchen bei der Fortpflanzung der Lichtwellen empfangen, indem sie ja nur von dem einen Theilchen zu dem anderen übergeht, ohne dass diese deshalb von ihrer Stelle weichen oder sich einander in Unordnung bringen, ihre Wirkung gar wohl ausüben, ohne irgendwie die anscheinende Festigkeit des Gebildes zu beeinträchtigen.

Man darf unter dem erwähnten äusseren Druck nicht den Luftdruck verstehen, welcher nicht genügen würde, sondern denjenigen einer anderen feineren Materie; dieser Druck macht sich in dem folgenden Versuche bemerklich, auf welchen mich der Zufall vor langer Zeit [28] geführt hat; derselbe besteht darin, dass luftfreies Wasser in einer am unteren Ende offenen

Glasröhre hängen bleibt, selbst wenn man die Luft aus dem Gefässe entfernt, worin diese Röhre eingeschlossen ist. [8])

Man kann also auf diese Weise die Durchsichtigkeit begreifen, ohne dass der Aether, welcher das Licht vermittelt, durch die Körper hindurchgehen oder Poren vorfinden müsste, durch welche er eintreten könnte. In Wahrheit geht aber diese Materie durch dieselben nicht blos hindurch, sondern thut dies sogar mit grosser Leichtigkeit, wie schon der oben angeführte Versuch von *Torricelli* beweist. Denn sobald das Quecksilber und Wasser den oberen Theil der Glasröhre verlässt, füllt sich derselbe offenbar sofort mit Aether, da ja das Licht hindurchgeht. Noch eine andere Schlussfolgerung, welche diese leichte Durchlässigkeit darthut, nicht nur bei den durchsichtigen, sondern auch bei allen anderen Körpern, ist die folgende.

Da das Licht durch eine rings geschlossene hohle Glaskugel dringt, so steht fest, dass sie mit Aether erfüllt ist, ebenso wie der Raum ausserhalb der Kugel. Die Aethermaterie besteht nun, wie oben gezeigt worden ist, aus Theilchen, welche sich einander sehr nahe berühren. Wäre sie also derart in die Kugel eingeschlossen, dass sie durch die Poren des Glases nicht heraustreten könnte, so würde sie nothgedrungen der Bewegung der Kugel folgen müssen, wenn man diese von der Stelle bewegt; folglich würde ungefähr dieselbe Kraft nöthig sein, um dieser Kugel auf horizontaler Ebene eine gewisse Geschwindigkeit zu ertheilen, als wenn sie voll Wasser oder vielleicht voll Quecksilber wäre; denn jeder Körper widersteht der Bewegungsgeschwindigkeit, welche man ihm ertheilen will, im Verhältniss der Menge der Materie, welche er enthält und welche dieser Bewegung folgen muss. Man findet aber im Gegentheil, dass die Kugel nur im Verhältniss der Masse des Glases, aus welcher sie gemacht ist, der Ertheilung der Bewegung Widerstand leistet; die darin enthaltene Aethermaterie kann also nicht eingeschlossen sein, sondern sie muss mit sehr grosser Leichtigkeit hindurchfliessen. [29] Wir werden später zeigen, dass dieselbe Durchlässigkeit vermöge dieser Schlussweise auch für die undurchsichtigen Körper sich ergiebt.

Die zweite und zwar wahrscheinlichere Erklärungsart der Durchsichtigkeit beruht also auf der Annahme, dass die Lichtwellen sich in der Aethermaterie fortpflanzen, welche die Zwischenräume oder Poren der durchsichtigen Körper stetig erfüllt. Denn da sie durch dieselben beständig und mit Leichtigkeit hindurchfliesst, so folgt, dass sie immer damit angefüllt sind.

Man kann übrigens sogar zeigen, dass diese Zwischenräume viel
mehr Raum einnehmen als die zusammenhängenden Theilchen,
aus denen die Körper bestehen. Denn wenn die vorhin gemachte Bemerkung richtig ist, dass, um den Körpern eine bestimmte horizontale Geschwindigkeit zu ertheilen, eine Kraft
erforderlich ist, welche der in ihnen enthaltenen zusammenhängenden Materie proportional ist, und wenn das Verhältniss
dieser Kraft dem Verhältniss der Gewichte folgt, wie durch die
Beobachtung bestätigt wird, so steht demnach die Menge der die
Körper bildenden Materie ebenfalls in dem Verhältniss der Gewichte. Nun sehen wir, dass das Wasser nur den vierzehnten
Theil wie ein gleicher Raumtheil Quecksilber wiegt; demnach
nimmt die Materie des Wassers noch nicht den vierzehnten Theil
des Raumes ein, welchen seine Masse einnimmt. Sie muss davon
sogar viel weniger einnehmen, da ja das Quecksilber weniger
wiegt als das Gold, und die Materie des Goldes sehr wenig dicht
ist, wie daraus hervorgeht, dass die Materie der magnetischen
Wirbel und diejenige, welche die Schwere verursacht, ganz ungehindert hindurchgehen.

Man kann jedoch hiegegen einwenden, dass, wenn die Substanz des Wassers von einer so grossen Lockerheit ist und wenn
seine Theilchen einen so geringen Theil seiner sichtbaren räumlichen Ausdehnung einnehmen, es sehr befremdet, wie es dennoch dem Zusammendrücken einen so grossen Widerstand entgegen setzen kann, dass es sich durch keine Kraft, welche man
bis jetzt dazu anzuwenden versucht hat, verdichten lässt, ja
sogar unter diesem Drucke vollkommen flüssig bleibt.

Hierin liegt allerdings eine nicht geringe Schwierigkeit.
Man [30] kann dieselbe indessen heben durch die Bemerkung,
dass die sehr heftige und rasche Bewegung der feinen Materie,
welche das Wasser flüssig macht, durch Erschütterung der Theilchen, aus welchen es besteht, diesen Flüssigkeitszustand aufrecht
erhält trotz des Druckes, welchen man bis jetzt darauf hat wirken
lassen.

Wenn nun das Gefüge der durchsichtigen Körper ein so
lockeres ist, wie wir angegeben haben, so versteht man leicht,
dass die Wellen in der Aethermaterie fortgepflanzt werden
können, welche die Zwischenräume zwischen den Körpertheilchen ausfüllt. Und ausserdem kann man annehmen, dass das
Fortschreiten dieser Wellen im Innern der Körper ein wenig
langsamer sein muss wegen der kleinen Umwege, welche eben
diese Körpertheilchen verursachen. Auf dieser verschiedenen

Geschwindigkeit des Lichtes beruht nun gerade, wie ich zeigen werde, die Ursache der Brechung.

Bevor ich hierzu übergehe, werde ich noch die dritte und letzte Auffassung anführen, nach welcher man die Durchsichtigkeit begreifen kann. Sie besteht in der Annahme, dass die Bewegung der Lichtwellen sich ohne Unterschied sowohl durch die Theilchen der Aethermaterie, welche die Zwischenräume der Körper ausfüllt, als auch in den Körpertheilchen selbst in der Weise fortpflanzt, dass die Bewegung von den einen zu den andern übergeht. Man wird weiter unten sehen, dass diese Hypothese recht brauchbar ist zur Erklärung der Doppelbrechung gewisser durchsichtiger Körper.

Auf den etwaigen Einwand, dass die Aethertheilchen, weil sie kleiner als diejenigen der durchsichtigen Körper sind, da sie ja durch deren Zwischenräume hindurchgehen, denselben nur wenig von ihrer Bewegung mittheilen können, lässt sich erwidern, dass die Theilchen dieser Körper noch aus anderen kleineren Theilchen zusammengesetzt sind und dass gerade diese zweiten Theilchen es sind, welche die Bewegung von den Aethertheilchen empfangen.

Wenn auch noch die Theilchen der durchsichtigen Körper eine etwas geringere Elasticität als die Aethertheilchen besitzen, welcher Annahme nichts im Wege steht, so folgt daraus sofort, dass die Fortpflanzung der Lichtwellen im Innern dieser Körper langsamer sein wird, als sie ausserhalb in der Aethermaterie ist.

[31] Diese ganze Auffassungsweise ist die wahrscheinlichste, welche ich habe finden können, für die Art, wie die Lichtwellen durch die durchsichtigen Körper hindurchgehen. Es bleibt nun noch beizufügen, worin sich diese Körper von den undurchsichtigen unterscheiden; um so mehr als es sonst wegen der erwähnten leichten Durchlässigkeit der Körper für die Aethermaterie scheinen könnte, dass es keinen Körper gebe, der nicht durchsichtig wäre. Denn auf Grund desselben Beispiels der Hohlkugel, welches ich benutzte, um die geringe Dichtigkeit des Glases und seine leichte Durchlässigkeit für die Aethermaterie darzuthun, kann man auch beweisen, dass die gleiche Durchlässigkeit den Metallen und jeder anderen Art von Körpern zukommt. Denn wenn diese Kugel beispielsweise aus Silber besteht, so ist gewiss, dass sie Aether enthält, welcher das Licht fortpflanzt, da ja diese Materie darin ebenso gut wie die Luft enthalten war, als man die Oeffnung der Kugel verschloss. Wenn man sie indessen schliesst und auf eine horizontale Ebene legt, so leistet sie der

Bewegung, welche man ihr ertheilen will, nur entsprechend der Silbermenge Widerstand, aus welcher sie gemacht ist, so dass man daraus wie oben schliessen muss, dass die darin eingeschlossene Aethermaterie der Bewegung der Kugel nicht folgt, und dass demnach das Silber ebenso gut wie das Glas von dieser Materie sehr leicht durchdrungen wird. Aether befindet sich also beständig und in Menge zwischen den Theilchen des Silbers und aller anderen undurchsichtigen Körper; und da der Aether zur Fortpflanzung des Lichtes fähig ist, so scheint es, dass diese Körper ebenfalls durchsichtig sein müssten; dies ist gleichwohl nicht der Fall.

Man wird daher fragen, woher denn ihre Undurchsichtigkeit kommt? sind etwa die Theilchen, aus welchen sie bestehen, weich, d. h. sind diese Theilchen, indem sie aus anderen kleineren zusammengesetzt sind, fähig ihre Gestalt zu ändern, wenn sie den Druck der Aethertheilchen erleiden, wodurch sie deren Bewegung vernichten und so die Fortpflanzung der Lichtwellen hindern? Dies ist nicht möglich; denn wenn die Metalltheilchen weich [**32**] sind, wie vermöchte dann polirtes Silber oder das Quecksilber das Licht so stark zu reflektiren?! Die wahrscheinlichste Annahme in dieser Frage dünkt mir die zu sein, dass die Metalle, welche fast die einzigen wirklich undurchsichtigen Körper sind, unter ihren harten Theilchen dazwischen gemengte weiche haben, so dass die einen die Reflexion zu bewirken und die anderen die Durchsichtigkeit zu verhindern bestimmt sind, während die durchsichtigen Körper nur harte Theilchen enthalten, welche elastisch sind und in Gemeinschaft mit den Aethertheilchen, wie oben dargelegt worden ist, die Fortpflanzung der Lichtwellen vermitteln. 9)

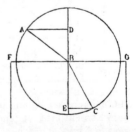

Wir wollen jetzt zur Erklärung der Brechungserscheinungen übergehen. Wir machen dabei wie oben die Annahme, dass die Lichtwellen durch die durchsichtigen Körper hindurchgehen und hierbei eine Verminderung ihrer Geschwindigkeit erleiden.

Die hauptsächlichste Eigenschaft der Lichtbrechung besteht darin, dass ein Lichtstrahl, wie AB, der durch die Luft geht und schräg auf die glatte Fläche eines durchsichtigen Körpers wie FG fällt, im Einfallspunkte B so gebrochen wird, dass er mit der Geraden DBE, welche die Fläche senkrecht schneidet, einen Winkel CBE bildet, der kleiner ist als der Winkel ABD, den er mit derselben Senkrechten in der Luft bildete. Das Maass dieser Winkel findet man, wenn man um den Punkt B einen Kreis beschreibt, welcher die Strahlen AB und BC schneidet. Denn die von den Schnittpunkten auf die Gerade DE gefällten Senkrechten AD, CE, welche man die Sinus der Winkel ABD, CBE nennt, stehen unter sich in einem bestimmten Verhältniss, das bei allen Neigungswinkeln des einfallenden Strahles für ein und denselben Körper stets das nämliche ist. Beim [33] Glase ist dies Verhältniss sehr nahe wie 3 zu 2 und beim Wasser nahezu wie 4 zu 3, und in ähnlicher Weise verschieden bei anderen durchsichtigen Körpern.

Eine andere, der vorstehenden ähnliche Eigenschaft besteht darin, dass die Brechungen der in einen durchsichtigen Körper eintretenden und austretenden Strahlen reciprok sind. Wenn nämlich der Lichtstrahl AB beim Eintritt in den durchsichtigen Körper sich in die Richtung BC bricht, so wird sich auch die Gerade CB, wenn man sie als einen Lichtstrahl im Innern dieses Körpers ansieht, beim Austritt in die Richtung BA brechen.

Um nun diese Erscheinungen nach meinen Principien zu erklären, nehme ich an, dass die Gerade AB, welche eine Ebene darstellt, die durchsichtigen Körper begrenzt, welche nach C und N hin sich erstrecken. Wenn ich von einer Ebene spreche, so soll dies nicht eine vollkommene Ebene bezeichnen, sondern eine solche, wie sie oben bei der Besprechung der Reflexion gedacht worden ist, und zwar aus demselben Grunde.

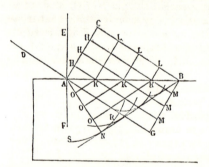

Die Linie AC möge einen Theil einer Lichtwelle darstellen, deren Mittelpunkt so entfernt angenommen wird, dass dieser Theil als eine gerade Linie angesehen werden kann. Die Stelle C der Welle AC wird nun in einem gewissen Zeitraume bis zur Ebene AB längs der Geraden CB gelangt sein, welche von dem leuchtenden Centrum ausgehend zu denken ist und darum AC rechtwinklig schneidet. In derselben Zeit würde nun die Stelle A längs der CB gleichen und parallelen Geraden AB in G

angelangt sein, während der ganze Wellentheil AC in GB sein würde, wenn die Materie des durchsichtigen Körpers die Wellenbewegung ebenso schnell übertragen würde, wie diejenige des Aethers. [34] Nehmen wir jedoch an, dass sie diese Bewegung weniger schnell fortpflanze, beispielsweise um ein Drittel. Dann wird sich von dem Punkte A aus in dem Stoffe des durchsichtigen Körpers Bewegung ausgebreitet haben bis zu einer Erstreckung, welche $\frac{2}{3}$ ist von CB, indem sie gemäss der früheren Auseinandersetzung ihre kugelförmige Einzelwelle bildet. Diese Welle wird demnach durch den Kreis SNR dargestellt, dessen Mittelpunkt A und dessen Halbmesser gleich $\frac{2}{3} CB$ ist. Betrachtet man nunmehr die übrigen Stellen H der Welle AC, so ist klar, dass sie in derselben Zeit, in welcher die Stelle C nach B gelangt ist, nicht nur bis zu der Fläche AB durch die mit CB parallelen Geraden HK gelangt sein, sondern auch noch um die Mittelpunkte K Einzelwellen in dem durchsichtigen Körper erzeugt haben werden, welche hier durch Kreise dargestellt sind, deren Halbmesser gleich $\frac{2}{3}$ der Linien KM sind, d. h. gleich $\frac{2}{3}$ der Verlängerungen der HK bis zu der Geraden BG; denn diese Halbmesser würden den ganzen Strecken KM gleich gewesen sein, wenn die beiden durchsichtigen Mittel die nämliche Fortpflanzungsfähigkeit besässen.

Alle diese Kreise haben nun zur gemeinschaftlichen Tangente die Gerade BN, d. h. dieselbe, welche von B aus als Tangente an den zuerst betrachteten Kreis SNR gezogen ist. Denn es ist leicht einzusehen, dass alle übrigen Kreise ebenfalls BN berühren und zwar von B an bis zum Berührungspunkte N, welcher zugleich der Fusspunkt des Lothes AN auf BN ist.

Die Gerade BN also, welche gleichsam von kleinen Bogentheilchen dieser Kreise gebildet wird, begrenzt die Bewegung, welche die Welle AC an den durchsichtigen Körper mitgetheilt hat, und auf ihr ist diese Bewegung in grösserem Betrage vorhanden als überall sonstwo. Und darum ist diese Linie, wie bereits wiederholt dargelegt worden, die Fortsetzung der Welle AC in dem Augenblicke, in welchem ihre Stelle C in B angekommen ist. Denn es giebt unterhalb der Ebene AB keine andere Linie, welche wie BN die gemeinschaftliche Tangente aller jener Einzelwellen wäre. Will man [35] wissen, wie die Welle AC allmählich nach BN gelangt ist, so braucht man in derselben Figur nur die Geraden KO parallel zu BN und alle mit AC parallelen Linien KL zu ziehen. Die Welle CA wird also, wie man sieht, aus der Geraden in alle LKO nacheinander gebrochen und wird in BN wieder gerade. Da dies nach den früheren Darlegungen schon klar ist, bedarf es einer weiteren Erklärung nicht.

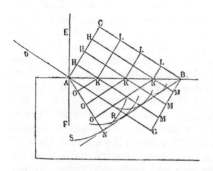

Zieht man nun in derselben Figur die Linie EAF, welche die Ebene AB im Punkt A rechtwinklig schneidet, und fällt man auf die Welle AC die Senkrechte AD, so wird DA den einfallenden Lichtstrahl und die auf BN senkrecht stehende AN den gebrochenen Strahl darstellen; denn die Lichtstrahlen sind nichts anderes als die geraden Linien, längs welcher die Theile der Wellen sich fortpflanzen.

Hieraus erkennt man leicht die Haupteigenschaft der Brechung, nämlich dass der Sinus des Winkels DAE stets das nämliche Verhältniss zum Sinus des Winkels NAF hat, welches auch die Neigung des Strahles DA sein mag, und dass dies Verhältniss dasselbe ist, wie dasjenige der Geschwindigkeit der Wellen in dem gegen AE liegenden durchsichtigen Mittel zu ihrer Geschwindigkeit in dem durchsichtigen Mittel gegen AF. Denn betrachten wir AB als den Radius eines Kreises, so ist BC der Sinus des Winkels BAC und AN der Sinus des Winkels ABN. Der Winkel ABC ist aber gleich DAE; denn jeder von ihnen bildet, zu CAE hinzugefügt, einen rechten Winkel; und der Winkel ABN ist gleich NAF; denn jeder von ihnen bildet mit BAN [36] einen rechten Winkel. Der Sinus des Winkels DAE verhält sich also zu dem Sinus des Winkels NAF wie BC zu AN. Aber das Verhältniss von BC zu AN war dasselbe wie das der Lichtgeschwindigkeiten in den gegen AE und gegen AF hin gelegenen Materien; folglich muss sich auch der Sinus des Winkels DAE zum Sinus des Winkels NAF verhalten wie die genannten Lichtgeschwindigkeiten.

Um ferner zu sehen, wie die Brechung erfolgt, wenn die Lichtwellen in einen Körper übergehen, in welchem die Bewegung sich schneller fortpflanzt als in demjenigen, aus welchem sie austreten (wir nehmen abermals das Verhältniss von 3 zu 2 an), braucht man nur ganz dieselbe Construction und Beweisführung zu wiederholen, welche wir vorhin angewendet haben, indem wir nur überall $\frac{3}{2}$ statt $\frac{2}{3}$ setzen. Man wird in der folgenden anderen Figur durch die nämliche Ueberlegung finden, dass, wenn die Stelle C der Welle AC bis zur Ebene AB nach B gelangt ist, der ganze Wellentheil AC nach NB vorgerückt sein wird, so dass die auf AC Senkrechte BC sich zu der auf BN Senkrechten AN verhält wie 2 zu 3, und dass endlich das nämliche Verhältniss von 2 zu 3 auch zwischen dem Sinus des Winkels EAD und dem Sinus des Winkels FAN stattfindet.

Hieraus ergiebt sich die Wechselbeziehung zwischen der Brechung des einfallenden und aus demselben Mittel austretenden Strahles: dass nämlich, wenn NA auf die äussere Fläche AB auffällt und sich nach AD hin bricht, auch der Strahl DA beim Austritt sich nach AN hin brechen wird.

[37] Man erkennt damit auch den Grund einer bemerkenswerthen Erscheinung, welche bei dieser Brechung eintritt; dass nämlich von einer bestimmten Neigung des einfallenden Strahles DA an derselbe nicht mehr in das andere durchsichtige Mittel einzudringen vermag. Denn ist der Winkel DAQ oder CBA so gross, dass in dem Dreiecke ACB die Linie CB gleich $\frac{2}{3}$ von AB ist, oder noch grösser, so kann AN nicht mehr eine Seite des Dreiecks ANB bilden, weil sie gleich AB oder grösser

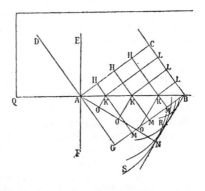

wird. Der Wellentheil BN ist sonach überhaupt nicht vorhanden, folglich auch nicht die Linie AN, welche daraufsenkrecht stehen müsste. Der einfallende Strahl DA dringt also dann nicht durch die Fläche AB hindurch.

Wenn das Verhältniss der Wellengeschwindigkeiten, wie in unserem auf das Glas und die Luft bezüglichen Beispiele, wie 2 zu 3 ist, so muss der Winkel DAQ grösser als 48° 11′ sein, damit der Strahl DA durch Brechung austreten kann; und ist das Verhältniss dieser Geschwindigkeiten 3 zu 4, wie es für Wasser und Luft sehr nahe der Fall ist, so muss dieser Winkel

DAQ den Werth 41°24′ überschreiten. Es stimmt dies mit der Erfahrung vollkommen überein.

Man könnte indessen hier die Frage aufwerfen, warum denn, da doch der Stoss der Welle AC gegen die Ebene AB in der jenseits befindlichen Materie Bewegung hervorrufen muss, dorthin kein Licht dringt. Die Antwort hierauf ist leicht zu geben, wenn man sich an das früher Gesagte erinnert. Denn obgleich eine unendliche Menge von Einzelwellen in der auf der anderen Seite von AB befindlichen Materie erzeugt wird, so können diese Wellen doch niemals im nämlichen Augenblicke eine gemeinsame Tangente (weder eine gerade noch eine gekrümmte) haben; es giebt sonach keine Linie, welche die Fortpflanzung der Welle AC über die Ebene AB hinaus begrenzt, oder auf welcher die Bewegung zu einer für die Lichterzeugung genügenden Stärke gesammelt würde. Die Wahrheit dieser Behauptung, nämlich dass, sobald CB grösser als $\frac{2}{3} AB$ ist, die jenseits der Ebene AB erregten Wellen keine gemeinschaftliche Tangente haben, wird man leicht einsehen, wenn man aus den Mittelpunkten K [38] mit Radien, welche gleich $\frac{3}{2}$ der entsprechenden Strecken LB sind, Kreise beschreibt. Denn alle diese Kreise umschliessen einander und gehen sämmtlich über den Punkt B hinaus.

Sobald nun der Winkel DAQ kleiner ist, als er sein darf, um den Eintritt des gebrochenen Strahles DA in das zweite Medium noch zu gestatten, so nimmt bekanntlich die innere Reflexion, welche an der Fläche AB stattfindet, stark an Helligkeit zu, wie man leicht an einem dreiseitigen Prisma beobachten kann. Hiervon lässt sich durch unsere Theorie folgendermassen Rechenschaft geben. Wenn der Winkel DAQ noch gross genug ist, um den Strahl DA austreten zu lassen, so ist klar, dass das Licht des Wellentheils AC, sobald dieser nach BN gelangt ist, auf einen kleineren Raum zusammengedrängt ist. Man erkennt auch, dass die Welle BN um so kleiner wird, je kleiner man den Winkel CBA oder DAQ macht, und sich schliesslich auf einen Punkt zusammenzieht, sobald dieser Winkel bis zu der vorher bezeichneten Grenze vermindert worden ist. Es heisst dies, dass, wenn die Stelle C der Welle AC in B angekommen ist, die Welle BN, welche die Fortsetzung von AC ist, ganz in den einzigen Punkt B zusammengedrängt wird; ebenso würde, wenn die Stelle H nach K gelangt wäre, der Theil AH gänzlich auf den Punkt K zusammengeschrumpft sein. Hieraus ist ersichtlich, dass, während die Welle CA auf die Ebene AB trifft, lebhafte Bewegung längs dieser Ebene stattfindet; diese Bewegung muss sich aber auch innerhalb des durchsichtigen Körpers ausgebreitet und die Einzelwellen bedeutend verstärkt haben, welche entsprechend den oben dargelegten Reflexionsgesetzen die innere Reflexion an der Fläche AB bewirken.

Da nun eine geringe Verkleinerung des Einfallswinkels DAQ die Welle BN, die kurz zuvor noch ziemlich gross war, auf Nichts zurückführt (denn ist dieser Winkel im Glase 49°11', so ist der Winkel BAN noch 11°21'; wird nun der Winkel DAQ nur um einen Grad vermindert, so wird der Winkel BAN auf Null [39] und damit die Welle BN auf einen Punkt reducirt), so folgt daraus, dass die vorher lichtschwache innere Reflexion plötzlich hell wird, sobald der Einfallswinkel derart ist, dass er dem gebrochenen Strahl den Durchgang nicht mehr gestattet.

Was nun den Vorgang bei der gewöhnlichen äusseren Reflexion betrifft, d. h. wenn der Einfallswinkel DAQ noch gross genug ist, um den gebrochenen Strahl durch die Ebene AB hindurchtreten zu lassen, so muss diese Reflexion an den Theilchen der Materie stattfinden, welche den durchsichtigen Körper von aussen berühren, und zwar erfolgt sie offenbar an den Lufttheilchen und anderen unter die Aethermaterie gemischten Theilchen, welche grösser als die Aethertheilchen sind. Auf der anderen Seite wird die äussere Reflexion an diesen Körpern durch die sie bildenden Massentheilchen bewirkt, welche ebenfalls grösser sind als die der Aethermaterie, da diese ja ihre Zwischenräume durchfliesst. Freilich liegt hierin eine gewisse Schwierigkeit mit Rücksicht auf die Versuche, in denen die innere Reflexion eintritt, ohne dass die Lufttheilchen dazu beitragen können, wie in den Gefässen oder Röhren, aus welchen die Luft entfernt ist.

Die Erfahrung lehrt uns übrigens, dass diese beiden Reflexionen nahezu von gleicher Stärke sind und dass sie in verschiedenen durchsichtigen Körpern um so stärker sind, je grösser das Brechungsvermögen dieser Körper ist. Man sieht z. B. deutlich, dass die Reflexion des Glases stärker als die des Wassers und die des Diamants stärker ist, als diejenige des Glases.

Ich schliesse diese Theorie der Brechung mit dem Beweis eines bemerkenswerthen Lehrsatzes, welcher damit zusammenhängt: dass nämlich ein Lichtstrahl, um von einem Punkte zum andern zu gelangen, wenn diese Punkte in verschiedenen durchsichtigen Mitteln liegen, an der ebenen Trennungsfläche dieser beiden Mittel sich derart bricht, dass er hiezu die kleinstmögliche

Zeit braucht; ganz dasselbe trifft zu bei der Reflexion an einer ebenen Fläche. *Fermat* hat zuerst diese Eigenschaft der Brechung kennen gelehrt, indem er gleich uns und im [40] Gegensatz zu der Ansicht *Descartes'* annahm, dass das Licht durch das Glas und das Wasser langsamer gehe als durch die Luft. Er setzte aber ausserdem das constante Verhältniss der Sinus voraus, welches wir soeben aus der blossen Annahme verschiedener Geschwindigkeitsgrade bewiesen haben: oder vielmehr, was dem gleich kommt, er setzte ausser diesen verschiedenen Geschwindigkeiten voraus, dass das Licht bei diesem Uebergange die kleinstmögliche Zeit braucht, um daraus das constante Verhältniss der Sinus zu folgern. Sein Beweis, den man in seinen Werken und in den gesammelten Briefen *Descartes'* gedruckt findet, ist sehr lang; darum gebe ich hier folgenden einfacheren und leichteren Beweis.

KF sei die ebene Fläche; A der Punkt in dem durchsichtigen Mittel, durch welches das Licht schneller hindurchgeht, z. B. in Luft, der Punkt C in einem anderen, durch das es sich langsamer fortpflanzt, z. B. Wasser. Es sei ferner ein Lichtstrahl von A über B nach C gelangt, nachdem er in B nach dem oben bewiesenen Gesetz gebrochen worden ist, nämlich so, dass, wenn PBQ senkrecht zur Trennungsebene gezogen ist,

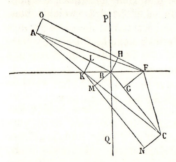

der Sinus des Winkels ABP zu dem Sinus des Winkels CBQ dasselbe Verhältniss habe wie die Lichtgeschwindigkeit in dem durchsichtigen Mittel, in welchem A liegt, zur Geschwindigkeit in dem Mittel, in welchem C liegt. Es soll bewiesen werden, dass die Uebergangszeiten des Lichtes durch AB und BC zusammengenommen die kürzestmöglichen sind. Nehmen wir an, es sei auf anderen Strecken dorthin gelangt, und zwar zuerst auf AF, FC, so dass der Brechungspunkt F von A weiter entfernt sei als B, und sei AO senkrecht auf [41] AB, FO parallel zu AB, BH auf FO und FG auf BC senkrecht.

Da nun der Winkel HBF gleich PBA und der Winkel BFG gleich QBC ist, so folgt, dass der Sinus des Winkels HBF zum Sinus des Winkels BFG sich ebenfalls verhalten wird wie die Lichtgeschwindigkeit in dem durchsichtigen Mittel A zu der Geschwindigkeit in dem Mittel C. Nun sind aber diese Sinus die Geraden HF und BG, wenn man BF als Halbmesser eines Kreises ansieht. Diese Linien HF, BG stehen also unter sich in dem Verhältniss dieser Lichtgeschwindigkeiten. Demnach würde die Zeit, welche das Licht längs HF gebraucht, unter der Annahme, dass OF der Strahl wäre, gleich der Zeit längs BG im Inneren des Mediums C sein. Nun ist aber die Zeit längs AB gleich derjenigen längs OH; also ist die Zeit durch OF gleich der Zeit durch AB und BG. Es ist nun die Zeit durch FC länger als durch GC; folglich wird die Zeit über OFC länger sein als über ABC. Aber AF ist grösser als OF, also wird die Zeit längs AFC um so mehr die Zeit längs ABC übertreffen.

Nehmen wir jetzt an, dass der Strahl von A nach C auf dem Wege AK, KC gelangt sei, so dass der Brechungspunkt K näher bei A liegt als der Punkt B; und sei CN senkrecht auf BC, KN parallel zu BC, BM senkrecht auf BC, KN parallel zu BC, BM senkrecht auf KN und KL auf BA.

Jetzt sind BL und KM die Sinus der Winkel BKL und KBM, d. i. der Winkel PBA und QBC; folglich verhalten sie sich zu einander wie die Lichtgeschwindigkeit im Mittel A zu derjenigen im Mittel C. Die Zeit längs LB ist also gleich der Zeit längs KM; und da die Zeit längs BC gleich der Zeit längs MN ist, so wird die Zeit über LBC gleich derjenigen durch KMN sein. Aber die Zeit längs AK ist länger als längs AL; folglich ist die Zeit über AKN länger als über ABC. Da nun KC länger als KN ist, so wird die Zeit über AKC um so mehr grösser sein als diejenige über ABC. Somit ist klar, dass die Zeit längs ABC die kürzestmögliche ist, was zu beweisen war.

---

[42] ## Kapitel IV.
Ueber die atmosphärische Strahlenbrechung.

Wir haben gezeigt, wie die Bewegung, welche die Ursache des Lichtes ist, sich in einem homogenen Stoffe durch Kugelwellen fortpflanzt. Wenn jedoch das Mittel nicht homogen, sondern von solcher Beschaffenheit ist, dass die Bewegung sich nach einer Seite schneller als nach einer anderen fortpflanzt, so werden diese Wellen offenbar nicht mehr kugelförmig sein können, sondern müssen eine Gestalt annehmen entsprechend den verschiedenen Strecken, welche die fortgepflanzte Bewegung in gleichen Zeiten durchläuft.

Hierdurch werden wir zunächst die Brechung in der Luft erklären, die sich von hier bis zu den Wolken und darüber hinaus erstreckt. Die Wirkungen dieser Brechung sind sehr merkwürdig; denn durch sie sehen wir häufig Gegenstände, welche uns sonst die Krümmung der Erde verbergen müsste, wie z. B. auf dem Meere Inseln und Berggipfel. Eine Folge derselben ist auch, dass die Sonne und der Mond früher aufzugehen und später unterzugehen scheinen, als sie es in Wirklichkeit thun, so dass man häufig den Mond verfinstert gesehen hat, während die Sonne noch über dem Horizonte erschien. Ebenso scheinen, wie die Astronomen wissen, die Höhen der Sonne und des Mondes und diejenigen aller Sterne infolge der Strahlenbrechung immer ein wenig grösser, als sie in Wahrheit sind. Es giebt übrigens einen Versuch, welcher diese Brechung recht sichtbar macht. Stellt man nämlich irgendwo ein Fernrohr fest auf, so dass es einen um eine halbe Lieue oder weiter entfernten Gegenstand zeigt, etwa einen Kirchthurm oder ein Haus, so wird man, wenn man es in dieser Stellung immer erhält und [43] zu verschiedenen Tageszeiten durchblickt, bemerken, dass nicht die nämlichen Stellen des Gegenstandes in der Mitte des Gesichtsfeldes des Fernrohrs erscheinen, sondern dass gewöhnlich des Morgens und Abends, wenn mehr Dämpfe in der Nähe der Erde vorhanden sind, diese Gegenstände höher zu steigen scheinen, so dass die Hälfte davon oder mehr nicht mehr sichtbar ist, und gegen Mittag wieder sinken, wenn diese Dämpfe sich wieder zerstreut haben.

Diejenigen, welche nur die Brechung an den Grenzflächen verschiedenartiger durchsichtiger Körper in Betracht ziehen, würden Mühe haben, von sämmtlichen von mir soeben erwähnten Erscheinungen Rechenschaft zu geben; nach unserer Theorie aber ist dies sehr leicht. Man weiss, dass die uns umgebende Luft ausser den ihr eigenthümlichen Theilchen, welche, wie oben auseinandergesetzt wurde, in der Aethermaterie schwimmen, auch noch Wassertheilchen enthält, welche die Wirkung der Wärme emporhebt; man hat andererseits durch sehr sichere Versuche erkannt, dass die Dichtigkeit der Luft mit der Höhe abnimmt. Sei es nun, dass die Wasser- und Lufttheilchen durch die Vermittelung der Aethertheilchen an der Bewegung, welche die Ursache des Lichtes ist, theilnehmen, hiebei jedoch geringere Elasticität als diese entwickeln; oder dass das Hinderniss, welches die Luft- und Wassertheilchen durch ihren Zusammenstoss der Fortpflanzung der Bewegung der Aethertheilchen entgegensetzen, das Fortschreiten dieser Bewegung verzögert, so folgt, dass beide Arten von Theilchen, indem sie zwischen den Aethertheilchen dahinfliegen, von einer grossen Höhe ab bis zur Erde die Luft für die rasche Fortpflanzung der Lichtwellen stufenweise weniger geeignet machen.

Die Gestalt der Wellen muss hienach ungefähr eine solche werden, wie die folgende Zeichnung darstellt. Wenn nämlich A eine Lichtquelle oder die sichtbare Spitze eines Thurmes ist, so müssen die daselbst entstehenden [44] Wellen sich nach oben weiter, nach unten weniger weit ausbreiten, nach anderen Richtungen aber mehr oder weniger weit, je nachdem dieselben sich diesen beiden Grenzfällen nähern. Hieraus folgt nothwendig, dass jede gerade Linie, welche eine dieser Wellen rechtwinklig schneidet, oberhalb des Punktes A vorbeigeht, wovon allein die zum Horizont lothrecht stehende Gerade ausgenommen ist.

Sei BC die Welle, welche das Licht dem in B befindlichen Beobachter zuführt, und BD die diese Welle senkrecht schneidende Gerade. Da nun der Strahl oder die gerade Linie, nach

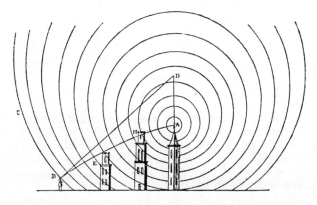

welcher wir den Ort beurtheilen, wo uns der Gegenstand erscheint, nichts anderes ist als die Senkrechte auf die unser Auge treffende Welle, wie aus dem oben Gesagten erhellt, so ist klar, dass der Punkt A so gesehen wird, als läge er in der Geraden BD, also höher, als er in Wirklichkeit liegt.

Es möge ferner AB die Erde und CD die äusserste Grenze [45] der Atmosphäre sein; diese bildet wahrscheinlich nicht eine scharf begrenzte Kugelfläche, denn, wie wir wissen, verdünnt sich die Luft in demselben Maasse, in welchem man höher steigt, weil dann um so viel weniger Luft darüber lastet. Wenn nun die Lichtwellen von der Sonne beispielsweise so herkommen, dass sie vor ihrem Eintritt in die Atmosphäre CD von der Geraden AE senkrecht geschnitten werden, so müssen eben diese Wellen nach ihrem Eintritt in die Atmosphäre an den höher gelegenen Stellen schneller voranschreiten als an jenen, die der Erde näher sind; derart dass, wenn CA die Welle ist, welche das Licht zu dem Beobachter in A hinträgt, ihre Stelle C am weitesten vorgeschritten sein wird; dann wird die Gerade AF, welche diese Welle rechtwinklig schneidet und den scheinbaren Ort der Sonne bestimmt, oberhalb der wahren Sonne, welche längs der Linie AE gesehen würde, vorbeigehen. So kann es geschehen, dass man die Sonne infolge der Strahlenbrechung in der Richtung AF sieht, während sie ohne die Dämpfe unsichtbar bleiben müsste, weil dann die Linie AE auf die Krümmung der Erde trifft. Der Winkel EAF ist jedoch niemals grösser als ein halber Grad, weil die geringe Dichte der Dämpfe die Lichtwellen nur sehr wenig beeinflusst. Die Strahlenbrechung ist ferner, besonders in den geringen Höhen von zwei

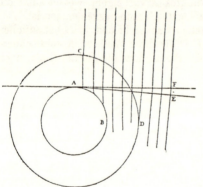

bis drei Grad, nicht zu allen Zeiten vollständig [46] unveränderlich; es rührt dies von der verschiedenen Menge der Wasserdämpfe her, die sich von der Erde erheben.

Dies ist auch der Grund, warum ein entfernter Gegenstand von einem weniger entfernten zu gewissen Zeiten verdeckt wird, zu einer anderen Zeit aber nicht, obgleich der Beobachtungsort immer derselbe geblieben ist. Die Ursache dieser Erscheinung wird jedoch durch die folgende Bemerkung über die Krümmung der Lichtstrahlen noch klarer werden. Aus den weiter oben gegebenen Erläuterungen geht hervor, dass das Fortschreiten oder die Fortpflanzung eines Stückchens einer Lichtwelle eigentlich das ist, was man einen Lichtstrahl nennt. Diese Lichtstrahlen müssen nun, während sie in homogenen durchsichtigen Mitteln gerade sind, in einer Luftmasse von ungleichförmiger Durchlässigkeit gekrümmt sein. Denn sie folgen, wie weiter unten gezeigt werden soll, nothwendig der Linie, welche vom Gegenstande, bis zu dem Auge, wie dies die Linie AEB in der ersten Figur thut, alle aufeinanderfolgenden Wellen unter rechten Winkeln schneidet. Diese Linie bestimmt, welche zwischenliegende Körper uns hindern, den Gegenstand zu sehen oder nicht. Denn obwohl die Spitze des Thurmes A bis D gehoben erscheint, so würde sie gleichwohl dem Auge in B nicht sichtbar sein, wenn der Thurm H sich zwischen beiden befände, weil dieser die Curve AEB schneidet. Der Thurm E jedoch, welcher unter dieser Curve ist, hindert nicht, dass die Spitze A gesehen werde. Je mehr nun die Luft in der Nähe der Erde die höheren Luftschichten an Dichtigkeit übertrifft, um so grösser wird die Krümmung des Strahles AEB; so dass er zu gewissen Zeiten über dem Gipfel E vorüber geht, wodurch die Spitze A dem Auge in B sichtbar wird, zu anderen Zeiten aber durch denselben Thurm E aufgehalten wird, wodurch sich A für jenes Auge verbirgt.

Um aber diese Krümmung der Lichtstrahlen nach unserer vorstehenden Theorie zu erklären, nehmen wir an, dass AB ein Stück einer von C herkommenden Lichtwelle sei, die wir als gerade Linie ansehen können. [47] Nehmen wir ferner an, dass sie zum Horizont senkrecht sei; da der Punkt B der Erde näher liegt als der Punkt A, und die Dämpfe in A weniger hinderlich sind als in B, so wird die Theilwelle, welche vom Punkte A ausgeht, sich über einen bestimmten Raum AD ausbreiten, während die Theilwelle, welche von B ausgeht, sich

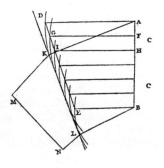

über einen kleineren Raum BE erstreckt, wobei AD, BE dem Horizont parallel sind. Es seien ferner durch die Geraden FG, HI u.s.w., welche von zahllosen Punkten auf der Geraden AB aus gezogen und durch die Gerade DE (sie kann wenigstens als eine solche angesehen werden) begrenzt sind, die verschiedenen Grade der Durchlässigkeit der Luft in den verschiedenen Höhen zwischen A und B dargestellt, derart, dass die Einzelwelle, welche vom Punkte F ausgeht, sich um die Strecke FG und die vom Punkte H kommende um die Strecke HI erweitert, während die des Punktes A sich durch den Raum AD ausbreitet.

Wenn man nun um die Mittelpunkte A, B die Kreise DK, EL beschreibt, welche die Ausdehnung der in jenen beiden Punkten entstehenden Wellen darstellen, und die Gerade KL zieht, welche diese beiden Kreise berührt, so ist leicht einzusehen, dass diese Linie die gemeinsame Tangente aller anderen Kreise sein wird, welche um die Mittelpunkte F, H u. s. w. beschrieben werden, und dass alle Berührungspunkte in denjenigen Theil dieser Linie fallen werden, welcher zwischen den Lothen AK, BL liegt. Die Gerade KL wird demnach die Bewegung der von den Punkten der Welle [48] AB erzeugten Einzelwellen begrenzen, und diese Bewegung wird zwischen den Punkten K, L in demselben Augenblick stärker sein als überall anderswo, weil eine unendliche Anzahl von Kreisen zur Bildung dieser Geraden beitragen. Folglich wird KL nach dem, was bei der Erklärung der Reflexion und der gewöhnlichen Brechung gesagt worden ist, die Fortsetzung der Welle AB sein. Nun leuchtet ein, dass AK, BL nach der Seite hin geneigt sind, wo die Luft weniger leicht zu durchdringen ist; denn da AK länger als BL und ihr parallel ist, so folgt, dass die Linien AB, KL sich in ihrer Verlängerung über L hinaus schneiden. Nun ist aber der Winkel K ein rechter, also KAB nothwendigerweise spitz und daher kleiner als DAB. Wenn man auf dieselbe Weise die Fortsetzung des Wellentheils KL sucht, so wird man denselben zu einer anderen Zeit nach MN gelangt finden, so dass die Lothe KM, LN sich noch mehr nach abwärts neigen als AK, BL. Hieraus kann man deutlich genug erkennen, dass der Lichtstrahl, wie behauptet worden ist, sich in einer krummen Linie fortpflanzt, welche alle Wellen unter rechten Winkeln schneidet.

Kapitel V.

Ueber die eigenthümliche Brechung des isländischen Spaths.

1. Man bringt von Island, einer Insel im Nordmeer unter dem 66. Breitengrade, eine Art Krystall oder durchsichtigen Stein, welcher wegen seiner Gestalt und anderer Eigenschaften, ganz besonders aber wegen seiner sonderbaren Lichtbrechung höchst merkwürdig ist. Die Ursachen davon schienen mir um so mehr einer sorgfältigen Untersuchung werth zu sein, als unter allen durchsichtigen Körpern dieser allein hinsichtlich der Lichtstrahlen die gewöhnlichen Gesetze nicht befolgt. Ich war gewissermaassen sogar gezwungen, diese Untersuchung anzustellen, weil die Brechungen in diesem Krystall meine vorstehende Erklärung der regelmässigen [49] Brechung umzustürzen schienen. Man wird jedoch im Gegentheil sehen, dass sie vielmehr zu deren Bestätigung dienen, nachdem sie auf dasselbe Grundgesetz zurückgeführt sind. Besonders auf Island findet man grosse Stücke dieses Krystalls, unter denen ich solche von vier bis fünf Pfund gesehen habe; er kommt aber auch in anderen Ländern vor, denn ich habe solche von derselben Art erhalten, welche man in Frankreich bei der Stadt Troyes in der Champagne gefunden hatte, und andere, welche von der Insel Corsica stammten; allein beide waren weniger klar und bestanden nur aus kleinen Stücken, welche kaum geeignet waren, irgend eine Wirkung der Lichtbrechung erkennen zu lassen.

2. Die erste darüber veröffentlichte Kenntniss verdankt man *Erasmus Bartholinus*, der die Beschreibung des isländischen Spaths und seiner hauptsächlichsten Erscheinungen geliefert hat.[9]) Ich werde gleichwohl nicht unterlassen, meine eigene Darstellung hier zu geben, theils zur Belehrung für diejenigen, welche sein Buch nicht gesehen haben, theils aber auch, weil bei einigen dieser Erscheinungen ein geringer Unterschied zwischen seinen Beobachtungen und den meinigen besteht. Ich habe mich nämlich bemüht, die Eigenschaften dieser Lichtbrechung mit grosser Genauigkeit zu untersuchen, um darüber völlig sicher zu sein, bevor ich unternehme, die Ursachen dafür klarzulegen.

3. Mit Rücksicht auf die Härte dieses Steines und seine leichte Spaltbarkeit sollte man ihn vielmehr für eine Art Talk und nicht für einen Krystall halten; denn eine eiserne Spitze ritzt ihn ebenso leicht wie anderen Talk oder wie Alabaster, mit dem er gleiches Gewicht hat.

4. Die Stücke, wie man sie findet, haben die Gestalt eines schiefen Parallelepipeds, in welchem jede der sechs Seitenflächen ein Parallelogramm ist. Der Krystall lässt sich nach allen drei Richtungen spalten, parallel zu je zwei einander gegenüberliegenden Flächen; wenn man will, sogar so, dass alle sechs Flächen gleiche und ähnliche Rhomben sind. Die hier beigefügte Figur stellt ein Stück dieses Krystalles dar. Die stumpfen Winkel aller Parallelogramme, wie hier die Winkel C, D, betragen 101° 52′ [50] und demnach die spitzen Winkel, wie A und B, 78° 8′.

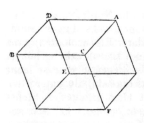

5. Unter den Ecken giebt es zwei gegenüberliegende, wie C, E, deren jede von drei stumpfen und einander gleichen Flächenwinkeln gebildet wird. Die übrigen sechs Ecken werden von zwei spitzen und einem stumpfen Winkel gebildet. Alles, was ich soeben gesagt habe, ist bereits von *Bartholinus* in der oben erwähnten Abhandlung ebenso angegeben worden, abgesehen davon, dass wir in Bezug auf die Grösse der Winkel ein wenig von einander abweichen. Er berichtet noch über einige andere Eigenschaften dieses Krystalls, nämlich dass er, an Tuch gerieben, Strohhälmchen und andere leichte Körper anzieht, ebenso wie der Bernstein, der Diamant, das Glas und Siegellack; dass ein Stück, das man einen Tag lang oder länger unter Wasser lässt, die natürliche Glätte seiner Oberfläche verliert; ferner dass, wenn man Scheidewasser darauf giesst, Aufbrausen eintritt; besonders geschieht dies, wie ich beobachtet habe, wenn man den Krystall pulverisirt. Ich habe ferner beobachtet, dass man ihn bis zur Rothgluth erhitzen kann, ohne dass er irgendwie verändert wird oder an Durchsichtigkeit verliert, dass dagegen sehr starke Hitze ihn verkalkt. Seine Durchsichtigkeit ist nicht geringer als diejenige des Wassers oder des Bergkrystalls, und er ist völlig farblos. Aber die Lichtstrahlen gehen durch ihn in anderer Weise hindurch und erleiden jene wunderbaren Brechungen, deren Ursachen ich jetzt auseinanderzusetzen versuchen will, indem ich die Darlegung meiner Ansichten über die Bildung und aussergewöhnliche Gestalt dieses Krystalls bis auf das Ende der vorliegenden Abhandlung verschiebe.

6. In allen übrigen uns bekannten durchsichtigen Körpern giebt es nur eine einzige und einfache Lichtbrechung, aber [51]

in diesem giebt es zwei verschiedene. Daher kommt es, dass die Gegenstände, welche man durch ihn sieht, besonders diejenigen, welche ihn unmittelbar berühren, doppelt erscheinen, und dass ein Sonnenstrahl, der auf eine seiner Grenzflächen auffällt, sich in zwei Strahlen zerlegt und so den Krystall durchläuft.

7. Ferner gilt bei allen übrigen durchsichtigen Substanzen ganz allgemein das Gesetz, dass der senkrecht auf ihre Oberfläche fallende Lichtstrahl, ohne gebrochen zu werden, ganz gerade hindurchgeht, während ein schräg auffallender Strahl stets gebrochen wird. In diesem Krystall dagegen wird der senkrechte Strahl gebrochen, und es giebt schiefe Strahlen, welche ihn ganz gerade durchlaufen.

8. Um aber diese Erscheinungen specieller zu erörtern, sei abermals $ABFE$ ein Stück dieses Krystalls [52] und der stumpfe Winkel ACB, einer der drei, welche die gleichseitige Ecke C bilden, sei durch die Gerade CG in zwei gleiche Theile getheilt; ferner denke man sich den Krystall durch eine Ebene geschnitten, welche durch diese Linie und durch die Seite CF hindurchgeht. Diese Ebene wird auf der Fläche AB nothwendig senk-

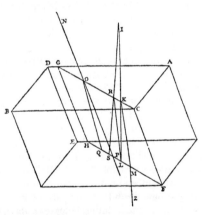

recht stehen und ihr Schnitt in dem Krystall ein Parallelogramm $GCFH$ sein. Wir wollen diesen Schnitt den Hauptschnitt des Krystalls nennen.

9. Deckt man nun die Fläche AB zu bis auf eine kleine Oeffnung in dem Punkte K auf der Geraden CG, und setzt sie der Sonne aus, so dass ihre Strahlen senkrecht auffallen, so wird sich der Strahl IK in dem Punkte K in zwei zerlegen, deren einer in gerader Linie nach KL fortgeht, während der andere die in der Ebene $CGHF$ liegende Richtung KM einschlägt, welche mit [53] KL, nach der Ecke C hin davon abweichend, einen Winkel von ungefähr $6° 40'$ bildet; beim Austritt aber auf der anderen Seite des Krystalles kehrt er in die zu IK parallele

Gerade MZ wieder zurück. Da man nun infolge dieser aussergewöhnlichen Brechung den Punkt M durch den gebrochenen Strahl MKI wahrnimmt, welcher nach dem in I befindlichen Auge gehen möge, so muss man den Punkt L infolge eben dieser Brechung längs des gebrochenen Strahles LRI erblicken, wobei LR mit MK nahezu parallel ist, wenn die Entfernung des Auges KI als sehr gross vorausgesetzt wird. Der Punkt L erscheint demnach so, als ob er in der Geraden IRS läge; aber der nämliche Punkt erscheint infolge der gewöhnlichen Brechung auch in der Geraden IK; man wird ihn also nothwendigerweise für doppelt halten. Ist ferner L ein kleines Loch in einem Blatte aus Papier oder einer anderen Substanz, welches man auf den Krystall gelegt hat, so werden, wenn man ihn gegen das Licht hält, zwei Löcher sich zeigen, welche um so weiter von einander entfernt sind, je dicker der Krystall ist.

10. Dreht man ferner den Krystall so, dass ein einfallender Sonnenstrahl NO, welcher in der Verlängerung der Ebene $CGFH$ liegen möge, mit CG einen Winkel von $73^\circ\,20'$ bildet und demnach fast parallel zu der Seite CF ist, welche nach der am Schlusse mitzutheilenden Rechnung mit FH einen Winkel von $70^\circ\,57'$ bildet, so wird er sich in dem Punkte O in zwei Strahlen zertheilen, von denen der eine längs OP in gerader Linie mit NO sich fortsetzen und ebenso auf der anderen Seite des Krystalls ohne irgend eine Brechung austreten, der andere aber nach OQ sich brechen wird. Dabei muss noch bemerkt werden, dass die durch GCF gelegte Ebene und diejenigen, welche ihr parallel sind, die Eigenschaft besitzen, dass alle in einer dieser Ebenen einfallenden Strahlen auch darin bleiben, nachdem sie in den Krystall eingetreten und doppelt geworden sind; anders dagegen verhält sich die Sache bei den Strahlen in allen anderen den Krystall schneidenden Ebenen, wie wir nachher zeigen werden.

11. Durch die vorstehenden Beobachtungen und einige andere habe ich zunächst erkannt, dass von den beiden verschiedenen Brechungen, welche der Strahl in diesem Krystall erleidet, die eine die gewöhnlichen Regeln befolgt, [54] nämlich diejenige, welcher die Strahlen KL und OQ angehören. Darum habe ich auch diese gewöhnliche Brechung von der anderen unterschieden, und nachdem ich sie durch genaue Beobachtungen gemessen hatte, habe ich gefunden, dass bei ihr das Verhältniss der Sinus der Winkel, welche der einfallende und der gebrochene Strahl mit dem Einfallslothe bilden, ziemlich genau

dasjenige von 5 zu 3 ist, wie es auch von *Bartholinus* gefunden worden ist. Dasselbe ist folglich viel grösser als dasjenige des Bergkrystalls oder des Glases, das ungefähr wie 3 zu 2 ist.

12. Die Art, diese Beobachtungen genau anzustellen, ist folgende. Man muss auf einem Blatt Papier, das auf einem gut ebenen Tische befestigt ist, eine schwarze Linie AB und zwei andere, sie unter rechten Winkeln schneidende Gerade CED, KML ziehen und zwar mehr oder weniger von einander entfernt, je nachdem man einen mehr oder weniger geneigten Strahl untersuchen will; sodann muss man den Krystall so auf den Schnittpunkt E legen, dass die Linie AB mit derjenigen, welche den stumpfen Winkel der unteren Grundfläche halbirt, oder mit irgend einer zu derselben parallelen Linie zusammenfällt. Wenn man alsdann das Auge gerade über die Linie AB hält, so wird sie nur einfach erscheinen, und ihr durch den Krystall gesehener Theil wird mit den ausserhalb desselben sichtbaren Theilen in einer geraden Linie liegend wahrgenommen Dagegen wird die Linie CD doppelt erscheinen, und man wird das von der regelmässigen Brechung herrührende Bild dadurch unterscheiden, dass es beim Beobachten mit beiden Augen mehr gehoben erscheint, als das andere, oder auch dadurch, dass es beim Drehen des Krystalles auf dem Papier stillsteht, während das andere Bild sich bewegt und sich ganz herum dreht. Hierauf bringt man das Auge, indem es immer in der durch AB gehenden senkrechten Ebene bleibt, nach I, so dass man das von der regelmässigen Brechung herrührende Bild der Linie CD mit dem ausserhalb

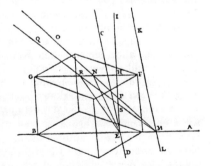

des Krystalles liegenden Theile dieser Linie eine gerade Linie bilden sieht. Bezeichnet man alsdann auf der Oberfläche des Krystalles die Stelle H, an welcher der Schnittpunkt E gesehen wird, so wird dieser Punkt gerade über E liegen. Sodann bewegt man das Auge zurück gegen O, immer in der durch AB gelegten senkrechten Ebene, [55] so dass das Bild der Linie CD, welches durch die regelmässige Brechung entsteht, in gerader Linie mit der ohne Brechung gesehenen Geraden KL erscheint; nun bezeichnet man auf dem Krystall den Punkt N, an welchem der Schnittpunkt E erscheint.

13. Man kennt somit die Länge und die Lage der Linien NH, EM und die Dicke HE des Krystalles. Zeichnet man nun diese Linien besonders auf eine Ebene und zieht NE und NM, welche HE in P schneidet, so ist das Brechungsverhältniss gleich demjenigen von EN zu NP, weil diese Linien sich unter einander verhalten wie die Sinus der Winkel NPH, NEP, welche den von dem einfallenden Strahl ON und dem gebrochenen NE mit dem Einfallslothe gebildeten Winkeln gleich sind. Dies Verhältniss ist, wie ich erwähnt habe, ziemlich genau wie 5 zu 3, und stets dasselbe bei allen Neigungen des einfallenden Strahles.

14. Dieselbe Beobachtungsweise habe ich bei der [56] Untersuchung der ausserordentlichen oder unregelmässigen Brechung dieses Krystalls benutzt. War nämlich der Punkt H gefunden und, wie oben angegeben ist, gerade über dem Punkte E bezeichnet, so beobachtete ich das Bild der Linie CD, welches von der ausserordentlichen Brechung herrührt; hatte ich nun das Auge nach Q gebracht, so dass dieses Bild mit der ohne Brechung erblickten Linie KL eine gerade Linie bildete, so kannte ich die Dreiecke REH, RES und folglich die Winkel RSH, RES, welche der einfallende und der gebrochene Strahl mit dem Einfallslothe bilden.

15. Ich habe indessen bei dieser Brechung gefunden, dass das Verhältniss von ER zu RS nicht wie bei der ordentlichen Brechung constant war, sondern sich mit der verschiedenen Neigung des einfallenden Strahles änderte.

16. Ich fand auch, dass, wenn QRE eine gerade Linie bildete, d. h. wenn der einfallende Strahl ohne Brechung in den Krystall eintrat (ich erkannte dies daran, dass alsdann der durch die ausserordentliche Brechung gesehene Punkt E in [57] der ohne Brechung gesehenen Linie CD erschien), — ich fand also, dass der Winkel QRG alsdann 73°20′ betrug, wie schon bemerkt worden ist, und dass demnach nicht der zur Kante des Krystalls parallele Strahl es ist, welcher denselben ohne Brechung in gerader Linie durchläuft, wie *Bartholinus* geglaubt hat; denn, wie oben angeführt worden ist, beträgt deren Neigungswinkel nur 70°57′. Es ist dies zu betonen, damit man nicht vergeblich die Ursache des besonderen Verhaltens dieses Strahles in seinem Parallelismus mit jenen Kanten suche.

17. Indem ich meine Beobachtungen zur Ergründung der Natur dieser Brechung fortsetzte, erkannte ich schliesslich, dass sie nachstehende bemerkenswerthe Regel befolgt. Das durch den oben definirten Hauptschnitt des Krystalls gebildete Parallelogramm $GCFH$ werde besonders gezeichnet. Ich fand nun, dass, wenn die Neigungswinkel zweier, von entgegengesetzten Seiten kommender Strahlen, wie hier VK und SK, gleich sind, die zugehörigen gebrochenen Strahlen KX und KT die Grundlinie HF stets so treffen, dass die Punkte X und T gleich weit von dem Punkte M entfernt sind, auf welchen der senkrechte Strahl IK nach seiner Brechung trifft. Es gilt dies auch für die Brechungen in den übrigen Schnitten dieses Krystalls.

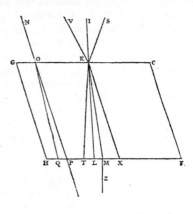

Bevor ich jedoch über diese, die [58] noch andere besondere Eigenschaften besitzen, spreche, will ich die Ursachen der schon beschriebenen Erscheinungen aufsuchen.

Erst nachdem ich, wie oben geschehen, die Brechung bei den gewöhnlichen durchsichtigen Körpern vermittelst kugelförmiger Lichtwellen erklärt hatte, nahm ich die Untersuchung über die Natur dieses Krystalls wieder auf, welche ich vorher durchaus nicht hatte enträthseln können.

18. Da zwei verschiedene Brechungen vorhanden waren, so fasste ich den Gedanken, dass es auch zwei verschiedene Fortpflanzungen von Lichtwellen gäbe, und dass die eine in der im Krystallkörper verbreiteten Aethermaterie stattfinden könnte. Da nämlich diese Materie in viel grösserer Menge vorhanden ist als diejenige der Theilchen, die den Körper zusammensetzen, so vermochte sie allein, gemäss den früheren Darlegungen, die Durchsichtigkeit zu bewirken. Ich schrieb dieser Wellenausstrahlung die regelmässige Brechung zu, welche man bei diesem Steine beobachtet; nimmt man nämlich diese Wellen wie gewöhnlich als kugelförmig und ihre Ausbreitungsgeschwindigkeit innerhalb des Krystalls als langsamer an wie ausserhalb, so geht daraus, wie ich gezeigt habe, die Brechung hervor.

19. Was die andere Ausstrahlung anlangt, welche die unregelmässige Brechung hervorbringen sollte, wollte ich versuchen, wie sich elliptische oder, besser gesagt, sphäroidische Wellen verhalten würden; hierbei nahm ich an, dass dieselben gleichermaassen sowohl in der durch den Krystall verbreiteten Aethermaterie, als auch in den ihn bildenden Körpertheilchen sich fortpflanzten, entsprechend meiner letzten Erklärung der Durchsichtigkeit. Es schien mir, dass die Vertheilung oder die regelmässige Anordnung dieser Theilchen dazu beitragen könnte, die sphäroidischen Wellen zu bilden (da hierzu nur erforderlich ist, dass die fortschreitende Bewegung des Lichtes sich in der einen Richtung ein wenig schneller als in der anderen ausbreite), und ich hegte kaum einen Zweifel darüber, dass in diesem Krystall, weil ja seine Gestalt und seine Winkel an ein gewisses und unveränderliches Maass gebunden sind, eine solche Anordnung gleicher und ähnlicher Theilchen vorhanden sei. [59] Betreffs dieser Theilchen, ihrer Gestalt und Anordnung werde ich am Schlusse dieser Abhandlung meine Ansichten und einige Versuche, welche sie bestätigen, mittheilen.

20. Die von mir angenommene doppelte Fortpflanzung von Lichtwellen gewann für mich grössere Wahrscheinlichkeit infolge einer Erscheinung, die ich bei dem gewöhnlichen Bergkrystall beobachtete, der eine hexagonale Gestalt besitzt und wegen dieser Regelmässigkeit ebenfalls aus Theilchen von bestimmter Gestalt und geordneter Lage zu bestehen scheint. Dieser Krystall zeigt nämlich Doppelbrechung, so gut wie der isländische Spath, wenn auch weniger auffallend. Denn nachdem ich daraus nach verschiedenen Richtungen gut polirte Prismen hatte schneiden lassen, bemerkte ich bei allen, dass, wenn man durch sie eine Kerzenflamme oder die Bleifassung der Fensterscheiben betrachtete, alles doppelt erschien, wenngleich die Bilder wenig von einander entfernt waren. Daraus wurde mir klar, warum dieser so durchsichtige Körper für Fernrohre, welche einigermaassen lang sind, unbrauchbar ist. [10]

21. Diese Doppelbrechung schien nun, nach meiner oben aufgestellten Theorie, die Aussendung zweier Lichtwellen zu fordern, und zwar zweier kugelförmiger (denn beide Brechungen sind regelmässig), sowie dass die eine nur ein wenig langsamer als die andere sich fortpflanze. Denn hierdurch erklärt sich diese Erscheinung sehr natürlich, wenn man die als Träger der Wellen dienenden Materien von der nämlichen Beschaffenheit voraussetzt, wie ich es bei dem isländischen Spath gethan habe.

Ich hegte also infolgedessen weniger Bedenken, zwei Arten der Wellenfortpflanzung in ein und demselben Körper zuzulassen. Und was den möglicherweise erhobenen Einwand betrifft, dass, wenn man diese beiden Krystalle aus gleichen Theilchen von bestimmter Gestalt und regelmässiger Anordnung gebildet denkt, die von diesen Theilchen gelassenen Zwischenräume, welche die Aethermaterie enthalten, kaum genügen würden, die daselbst angenommenen Lichtwellen durchzulassen, so hob ich diese Schwierigkeit durch die Annahme, dass diese Theilchen ein sehr lockeres Gewebe bilden oder auch wohl aus anderen viel kleineren [60] Theilchen zusammengesetzt sind, zwischen welchen die Aethermaterie sehr frei hindurchgeht. Es folgt dies übrigens mit Nothwendigkeit aus der früheren Darlegung betreffs der geringen Stoffmenge, aus welcher die Körper sich zusammenfügen.

22. Indem ich also solche sphäroidische Wellen neben den kugelförmigen annahm, begann ich damit, zu prüfen, ob sie dazu dienen könnten, die Erscheinungen der aussergewöhnlichen Brechung zu erklären, und wie ich durch die Erscheinungen selbst die Form

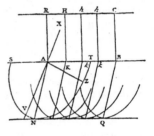

und die Lage der sphäroidischen Wellen würde bestimmen können. Ich erreichte auch schliesslich den gewünschten Erfolg, indem ich auf folgende Weise verfuhr.

23. Ich betrachtete zuerst die Wirkung der so gestalteten Wellen mit Rücksicht auf den Strahl, welcher senkrecht auf die ebene Fläche eines durchsichtigen Körpers trifft, in welchem sie sich in dieser Weise ausbreiten. Ich nahm AB als die freie Stelle der Oberfläche an. Da nun ein auf einer Ebene senkrechter und von einer sehr entfernten Lichtquelle kommender Strahl nach der vorstehenden Theorie nichts anderes als ein parallel zu dieser Ebene eintretender Wellentheil ist, so nahm ich an, dass die mit AB parallele und gleiche Gerade RC ein Theil einer Lichtwelle sei, deren unendlich entfernte Stellen $RHhC$ die Oberfläche AB in den Punkten $AKkB$ treffen. Anstatt der halbkugelförmigen Einzelwellen also, welche nach unseren früheren Auseinandersetzungen über die Brechung in einem ordentlich brechenden Körper von einem jeden dieser letzteren Punkte sich hätten ausbreiten müssen, müssten hier

halbsphäroidische vorhanden sein, deren Axen oder vielmehr grösste Durchmesser nach meiner Annahme gegen [61] die Ebene AB geneigt wären, wie die Halbaxe oder der halbe grösste Durchmesser AV des Sphäroids SVT, welches nach der Ankunft der Welle RC in AB die von dem Punkte A kommende Einzelwelle darstellt. Ich sage »Axe oder grösster Durchmesser«, weil dieselbe Ellipse SVT als der Schnitt eines Sphäroids angesehen werden kann, dessen »Axe« AZ senksecht auf AV steht. Für jetzt jedoch wollen wir, ohne die eine und die andere bestimmt zu bezeichnen, diese Sphäroide nur in ihren Schnitten betrachten, welche die Ellipsen in der Ebene der vorstehenden Figur liefern. Nimmt man nun einen bestimmten Zeitraum an, in welchem sich die Welle SVT vom Punkte A aus fortgepflanzt hat, so müssen von allen anderen Punkten KkB aus in derselben Zeit gleiche und ähnlich wie SVT liegende Wellen sich gebildet haben. Die gemeinsame Tangente NQ aller dieser Halbellipsen wäre alsdann, nach der obigen Theorie, die Fortsetzung der Welle RC in dem durchsichtigen Körper; denn diese Linie begrenzt in einem und demselben Augenblick die Bewegung, welche von der auf AB treffenden Welle RC herrührt, und auf ihr ist die Bewegung in viel grösserer Menge vorhanden als überall anderswo, da sie von zahllosen Ellipsenbogen hervorgebracht wird, deren Mittelpunkte längs der Linie AB liegen.

24. Nun leuchtete ein, dass diese gemeinschaftliche Tangente mit AB parallel und von gleicher Länge war, aber ihr nicht in gerader Richtung gegenüberlag, da sie zwischen den Linien AN, BQ enthalten war, welche conjugirte Durchmesser der Ellipsen mit den Mittelpunkten A und B sind in Bezug auf die in der Geraden AB liegenden Durchmesser. Und so verstand ich, was mir sehr schwierig erschienen war, wie ein auf einer Fläche senkrechter Lichtstrahl beim Eintritt in den durchsichtigen Körper gebrochen werden konnte, indem ich sah, dass die an der Oeffnung AB angelangte Welle RC fortfuhr, sich von dort nach vorwärts zwischen den Parallelen AN, BQ fortzupflanzen, während sie selbst gleichwohl immer parallel zu AB blieb, so jedoch, dass hier das Licht nicht [62] in Linien senkrecht zu seinen Wellen sich fortpflanzt, wie bei der gewöhnlichen Brechung, sondern diese Linien zu den Wellen schief stehen.

25. Um sodann zu ergründen, welches die Lage und Gestalt dieser Sphäroide in dem Krystall sein könnte, erwog ich, dass

alle sechs Flächen genau dieselben Brechungen bewirkten. Indem ich daher das Parallelepiped AFB wieder vornahm, dessen stumpfe, von drei gleichen Flächenwinkeln gebildete Ecke C ist, und darin die drei Hauptschnitte annahm, von denen der eine auf der Seitenfläche DC senkrecht steht und durch die Seite CF hindurchgeht, der andere auf der Fläche BF senkrechte durch die Seite CA und der dritte auf der Fläche AF senkrechte durch die Seite BC hindurchgeht; so wusste ich, dass die Brechungen der einfallenden Strahlen, welche diesen drei Ebenen angehören, sämmtlich ganz gleich seien. Es konnte aber kein Sphäroid geben, das vermöge seiner Lage die nämliche Beziehung zu diesen drei Schnitten hätte ausser demjenigen, dessen Axe auch die des körperlichen Winkels C ist. Mithin sah ich, dass die Axe dieses Winkels, d. h. die Gerade, welche vom Punkte C aus unter gleicher Neigung gegen die Seiten CF, CA, CB den Krystall durchläuft, die Lage der Axen aller sphäroidischen Wellen bestimmt, welche man sich von irgend einem Punkte im Innern oder auf der

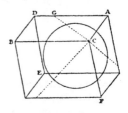

Oberfläche des Krystalls ausgehend denkt, da alle diese Sphäroide einander ähnlich sein und unter sich parallele Axen haben müssen.

26. Indem ich hierauf die Ebene des einen dieser drei Schnitte betrachtete, nämlich des durch GCF gelegten, dessen Winkel C $109^\circ 3'$ beträgt, weil ja der Winkel F oben zu $70^\circ 57'$ angegeben war, und mir um den Mittelpunkt C eine sphäroidische Welle dachte, wusste ich gemäss der vorstehenden Auseinandersetzung, dass ihre Axe, deren Hälfte ich in der folgenden anderen Figur mit CS bezeichnet habe, in dieser nämlichen Ebene [63] liegen müsse, und indem ich den Winkel GCS durch Rechnung (welche nebst den übrigen am Ende dieses Abschnitts mitgetheilt werden wird) bestimmte, fand ich denselben gleich $45^\circ 20'$.

27. Um sodann die Gestalt dieses Sphäroids zu bestimmen, d. h. das Verhältniss der auf einander senkrechten Halbmesser CS und CP seines elliptischen Schnitts, beachtete ich, dass der Punkt M, in welchem die Ellipse von der zu CG parallelen Geraden FH berührt wird, eine solche Lage haben muss, dass CM mit dem Lothe CL einen Winkel von $6^\circ 40'$ bildet, weil in diesem Fall diese Ellipse den obigen Ermittelungen über die

Brechung des zur Fläche CG senkrechten Strahles genügt, welcher ja gerade um diesen Winkel von dem Lothe CL abweicht. Unter dieser Voraussetzung fand ich nun, indem ich CM gleich 100 000 Theilen ansetzte, durch die am Schlusse mitgetheilte Rechnung den halben grössten Durchmesser CP gleich 105 032 und die Halbaxe CS gleich 93 410; das Verhältniss derselben ist also sehr annähernd wie 9 zu 8. Das

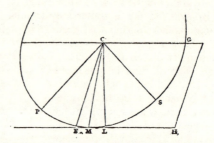

Sphäroid gehörte sonach zu der Klasse derjenigen, die einer abgeplatteten Kugel gleichen, indem es durch die Umdrehung einer Ellipse um ihren kleinsten Halbmesser erzeugt ist. Ich fand ferner den der Tangente ML parallelen Halbmesser CG gleich 98 779.

28. Als ich nun zur Untersuchung der Brechungen überging, welche schräg einfallende Strahlen nach der Hypothese solcher sphäroidischer Wellen erleiden mussten, sah ich, dass diese Brechungen abhingen von dem Verhältniss [64] der Geschwindigkeit der Lichtbewegung ausserhalb des Krystalls im Aether und der Bewegung im Innern desselben. Denn angenommen z. B. dieses Verhältniss sei derart, dass das Licht, während es in der besprochenen Weise in dem Krystall das Sphäroid GSP bildet, ausserhalb eine Kugel erzeugt, deren Halbmesser gleich der Linie N sei, welche weiter unten bestimmt werden wird, so lässt sich die Brechung der einfallenden Strahlen auf folgende Weise finden. Ist RC ein solcher auf die Fläche CK fallender Strahl, so errichte man CO senkrecht auf RC und ziehe in dem Winkel KCO senkrecht zu CO die Gerade OK so, dass sie gleich N werde; sodann lege man KI als Tangente an die Ellipse GSP, und verbinde den Berührungspunkt I mit C, so ist IC der gesuchte zu RC gehörige gebrochene Strahl. Der Beweis hierfür ist, wie man sehen wird, demjenigen ganz ähnlich, dessen wir uns bei der Erklärung der

gewöhnlichen Brechung bedient haben. Denn der zu RC gehörige gebrochene Strahl ist nichts [65] anderes als das Fortschreiten der Stelle C der im Krystall sich fortpflanzenden Welle CO. Nun werden die Stellen H dieser Welle während der Zeit, in welcher O bis nach K gelangt ist, an der Fläche CK längs der Geraden Hx angekommen sein, und werden

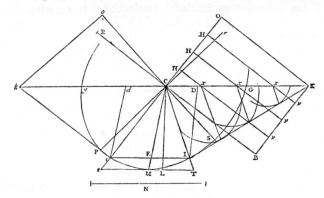

ausserdem in dem Krystall halbsphäroidische Einzelwellen mit den Mittelpunkten x erzeugt haben, welche mit dem Halbsphäroid $GSPg$ ähnlich und ähnlich gelegen sind, und deren grösste und kleinste Durchmesser zu den Linien xv (den Verlängerungen der Hx bis zu der zu CO parallelen Geraden KB) in demselben Verhältniss stehen wie die Durchmesser des Sphäroids GSP zu der Linie CB oder N. Und es ist sehr leicht einzusehen, dass die gemeinschaftliche Tangente aller dieser, hier durch Ellipsen dargestellten, Sphäroide die Gerade IK ist; sie ist deshalb, wie bei der gewöhnlichen Brechung bewiesen wurde, die Fortsetzung der Welle CO, und der Punkt I diejenige des Punktes C.

Zur Bestimmung des Berührungspunktes I muss man bekanntlich die dritte Proportionale CD zu den Linien CK und CG suchen und DI parallel mit der vorher bestimmten Linie CM ziehen, welche der zu CG conjugirte Durchmesser ist; denn wenn man dann die Linie KI zieht, so berührt sie die Ellipse in I.

29. In derselben Weise nun, wie wir CI als gebrochenen Strahl zu RC gefunden haben, wird man auch zu dem Strahl rC, welcher von der entgegengesetzten Seite kommt, als gebrochenen Strahl Ci finden, indem man Co senkrecht auf rC

fällt und im übrigen die Construction ebenso wie vorher weiterführt.

Dabei sieht man, dass, wenn der Strahl rC die gleiche Neigung wie RC besitzt, die Linie Cd nothwendigerweise gleich CD sein wird, weil Ck gleich CK und Cg gleich CG ist. Folglich wird Ii im Punkte E durch die Linie CM halbirt, zu welcher DI, di parallel sind. Da ferner CM der conjugirte Durchmesser zu CG ist, so ergiebt sich, dass iI zu gG parallel sein wird. Wenn man sonach die gebrochenen Strahlen CI, Ci verlängert, bis sie die Tangente ML in T und t treffen, so werden die Entfernungen MT, Mt ebenfalls einander gleich sein. Aus unserer Hypothese erklärt sich also vollständig die oben beschriebene [66] Erscheinung, nämlich dass, wenn zwei Strahlen unter gleicher Neigung, aber von entgegengesetzten Seiten einfallen, wie hier die Strahlen RC und rC, die zugehörigen gebrochenen Strahlen gleichweit abstehen von der Linie, die der senkrecht einfallende Strahl bei der Brechung einschlägt, wenn man diese Abstände in der zur Oberfläche des Krystalles parallelen Ebene betrachtet.

30. Die Länge der Linie N im Verhältniss zu CP, CS, CG muss durch die Beobachtungen der unregelmässigen Brechung bestimmt werden, welche in diesem Schnitt des Krystalles stattfindet; und zwar finde ich hierdurch, dass das Verhältniss von N zu GC nur ein wenig kleiner ist als 8 zu 5. Wenn ich noch auf andere, unten zu besprechende Beobachtungen und Erscheinungen Rücksicht nehme, so habe ich N gleich 156962 Theilen zu setzen, deren der halbe Durchmesser CG, wie gefunden ist, 98779 enthält; hiernach ergiebt sich jenes Verhältniss wie 8 zu $5\frac{1}{29}$. Dieses Verhältniss zwischen den Linien N und GC kann man nun das Brechungsverhältniss nennen, ebenso wie beim Glase dasjenige von 3 zu 2; man wird dies einsehen, sobald ich hier eine Abkürzung des vorhergehenden Verfahrens zur Bestimmung der ausserordentlich gebrochenen Strahlen dargelegt haben werde.

31. Wenn man nämlich in der folgenden Figur wie vorher die Fläche des Krystalls gG, die Ellipse GPg und die Linie N annimmt und CM die Brechungsrichtung des senkrechten Strahles FC ist, von welchem sie um $6^{\circ}40'$ abweicht, so sei jetzt RC irgend ein anderer Strahl, zu welchem der gebrochene Strahl gefunden werden soll.

Man beschreibe um den Mittelpunkt C mit dem Halbmesser CG den Kreis gRG, der den Strahl RC in R schneidet, und

Ueber das Licht. 63

ziehe RV senkrecht auf CG. Dann verhält sich immer N zu CG wie CV zu CD; zieht man nun parallel zu CM die Linie DI, welche die Ellipse gMG in I schneidet, so wird die Verbindungslinie CI die gesuchte Brechungsrichtung des Strahles RC sein. Dies wird auf folgende Art bewiesen.

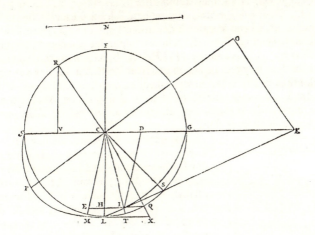

Es sei CO senkrecht zu CR, und in dem Winkel OCG werde OK gleich N senkrecht zu CO gelegt [**67**] und die Gerade KI gezogen; ist nun bewiesen, dass diese Gerade die Ellipse in I berührt, so ist gemäss der früheren Auseinandersetzungen auch klar, dass CI die Brechungsrichtung des Strahles RC ist. Da nun der Winkel RCO ein rechter ist, so lässt sich leicht einsehen, dass die rechtwinkligen Dreiecke RCV, KCO ähnlich sind. CK verhält sich also zu KO wie RC zu CV. Aber KO ist gleich N und RC gleich CG: folglich CK zu N wie CG zu CV. Nach der Construction aber verhält sich N zu CG wie CV zu CD. Demnach verhält sich CK zu CG wie CG zu CD. Da nun DI zu CM, dem conjugirten Durchmesser von CG, parallel ist, so ergiebt sich, dass KI die Ellipse im Punkte I berührt, was zu beweisen noch übrig blieb.

32. Wie bei der Brechung der gewöhnlichen durchsichtigen Körper ein gewisses unveränderliches Verhältniss zwischen den [**68**] Sinus der Winkel besteht, welche der einfallende und der gebrochene Strahl mit dem Einfallslothe bilden, so besteht also auch hier, wie man sieht, ein solches Verhältniss zwischen CV

und CD oder IE, d. h. zwischen dem Sinus des Winkels, welchen der einfallende Strahl mit dem Einfallslothe bildet, und der Strecke, welche in der Ellipse zwischen dem gebrochenen Strahl und dem Durchmesser CM enthalten ist. Denn das Verhältniss von CV zu CD ist ja, wie gesagt, stets dasselbe wie dasjenige von N zu dem Halbmesser CG.

33. Bevor ich weitergehe, möchte ich an dieser Stelle hinzufügen, dass beim Vergleich der ordentlichen und ausserordentlichen Brechung dieses Krystalles folgender Umstand bemerkenswerth ist. Ist nämlich $ABPS$ das Sphäroid, durch welches sich in dem Krystall in einem gewissen Zeitraum das der ausserordentlichen Brechung entsprechende Licht fortpflanzt, so stellt alsdann die eingeschriebene Kugel $BVST$ die Ausbreitung des durch die regelmässige Brechung in derselben Zeit fortgepflanzten Lichtes dar.

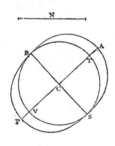

Ist nämlich die Linie N der Halbmesser einer kugelförmigen Lichtwelle in der Luft, während das Licht sich im Krystall durch das Sphäroid $ABPS$ fortpflanzt, so verhält sich, wie oben angegeben wurde, N zu CS wie 156 962 zu 93 410. Es ist aber auch angegeben worden, dass das Verhältniss der ordentlichen Brechung 5 zu 3 sei; d. h. dass, wenn N der Radius einer kugelförmigen Lichtwelle in der Luft wäre, ihre Ausbreitung in dem Krystall in demselben Zeitraum eine Kugel bilden würde, deren Radius sich zu N wie 3 zu 5 verhielte. Nun verhält sich 156 962 zu 93 410 wie 5 zu 3 weniger $\frac{1}{41}$. Sonach ist die Kugel $BVST$ ziemlich nahe und vielleicht genau diejenige, welche das Licht bei der regelmässigen Brechung in dem Krystall bildet, während es [69] das Sphäroid $BPSA$ für die unregelmässige Brechung und in der Luft ausserhalb des Krystalls die Kugel mit dem Radius N erzeugt.

Obgleich daher nach unserer Ausführung zwei verschiedene Fortpflanzungsarten des Lichtes in diesem Krystall vorhanden sind, so ist doch klar, dass nur in der Richtung senkrecht zur Axe BS des Sphäroids die eine Ausbreitung schneller als die andere erfolgt, dass sie aber gleiche Geschwindigkeit besitzen in der anderen Richtung, nämlich parallel zu derselben Axe BS, welche auch die Axe der stumpfen Ecke des Krystalles ist.

34. Ich werde jetzt zeigen, dass, wenn das Brechungsverhältniss so ist, wie wir soeben gesehen haben, daraus die bemerkenswerthe Eigenschaft des Strahles sich ergeben muss, welcher, indem er unter einem schiefen Winkel auf die Fläche des Krystalles trifft, durch ihn ohne Brechung zu erleiden hindurchgeht. Denn wenn man dieselben Voraussetzungen macht wie vorher und dieser Strahl RC, wie früher bereits angegeben wurde, mit der Fläche gG den Winkel RCG von $73°20'$ bildet, indem er sich nach derselben Seite neigt wie der Krystall, so wird man, wenn man durch das vorher dargelegte Verfahren den gebrochenen Strahl CI ermittelt, finden, dass er mit RC [**70**] genau in einer geraden Linie liegt, und dass also dieser Strahl, in Uebereinstimmung mit der Erfahrung, gar nicht abgelenkt wird. Dies lässt sich durch Rechnung folgendermaassen nachweisen.

Wenn wie oben CI oder CR 98779, CM 100000 ist und der Winkel RCV $73°20'$ beträgt, so ist CV gleich 28330. Aber weil CI der zu RC gehörige gebrochene Strahl ist, so verhält sich CV zu CD wie 156962 zu 98779, d. h. wie N zu CG; also ist CD 17828. Da sich nun das Quadrat über CG zum Quadrat über CM wie das Rechteck gDG zu dem Quadrat über DI verhält, so wird DI oder CE 98353 sein. Weil sich aber CE zu EI wie CM zu MT verhält, so wird MT 18127 sein. Wird diese Strecke zu der Strecke 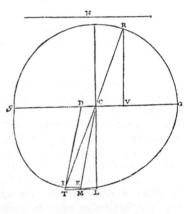 ML hinzugefügt, welche 11609 ist (nämlich der Sinus des $6°40'$ betragenden Winkels LCM, wenn man CM gleich 100000 als Radius annimmt), so wird LT gleich 29736 und verhält sich zu der 99324 betragenden LC wie CV zu VR, d. h. wie 29938, nämlich die Tangente des Complements des Winkels RCV von $73°20'$, zu dem Radius der Tafeln. Hieraus folgt, dass $RCIT$ eine gerade Linie ist, was zu beweisen war.

35. Man wird ferner aus der folgenden Beweisführung [**71**] ersehen, dass der Strahl CI beim Austritt aus der gegenüber-

liegenden Fläche des Krystalls noch geradlinig weitergehen
muss, indem dieselbe darthut, dass die Wechselbeziehung der
Brechungen in diesem Krystall ebenso wie in den andern durchsichtigen Körpern stattfindet, d. h. wenn ein die Oberfläche des

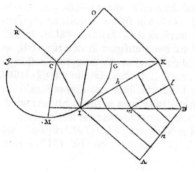

Krystalls CG treffender
Strahl RC sich nach CI
hin bricht, so wird der
Strahl CI beim Austritt
aus der gegenüberliegen-
den und parallelen Kry-
stallfläche, als welche ich
IB annehme, nach IA,
parallel zum Strahl RC,
gebrochen werden.

Es mögen dieselben
Voraussetzungen zu Grun-
de gelegt sein wie vorher,
nämlich dass CO, senk-
recht zu CR, einen Wellentheil darstelle, dessen Fortsetzung
im Krystall IK sei, so dass die Stelle C sich längs der Geraden
CI fortgepflanzt habe, während O nach K gelangt ist. Nimmt
man nun noch eine zweite, der ersten gleiche Zeitdauer, so wird
die Stelle K der Welle IK während dieser Zeit längs der mit
CI gleichen und parallelen Geraden KB vorgerückt sein, weil
jede Stelle der Welle CO bei der Ankunft an der Fläche CK
sich in dem Krystall ebenso wie die Stelle C fortpflanzen muss;
und in der nämlichen Zeit wird sich von dem Punkte I aus in
der Luft eine kugelförmige Einzelwelle mit dem KO gleichen
Halbmesser IA bilden, da KO in der gleichen Zeit durchlaufen worden war. Betrachtet man ferner irgend einen anderen Punkt der Welle IK, wie h, [**72**] so wird derselbe längs
hm, der Parallelen zu CI, hinlaufen und die Fläche IB er-
reichen, während der Punkt K die mit hm gleiche Strecke Kl
durchläuft; und während dieser den Rest lB zurücklegt, wird
sich vom Punkte m aus eine Einzelwelle gebildet haben, deren
Halbmesser mn sich zu lB verhalten wird wie IA zu KB.
Hieraus geht hervor, dass diese Welle mit dem Halbmesser mn
und die andere mit dem Halbmesser IA die nämliche Tangente
BA haben. Dasselbe gilt für alle kugelförmigen Einzelwellen,
welche sich ausserhalb des Krystalls durch den Stoss sämmt-
licher Punkte der Welle IK gegen die Grenzfläche IB des
Aethers werden gebildet haben. Eben diese Tangente BA

bildet also ausserhalb des Krystalls die Fortsetzung der Welle IK, wenn die Stelle K nach B gelangt ist. Folglich ist IA, die Senkrechte auf BA, der zu CI gehörige gebrochene Strahl beim Austritt aus dem Krystall. Nun ist klar, dass IA dem einfallenden Strahl RC parallel ist, da ja IB gleich CK und IA gleich KO ist und die Winkel A und O rechte sind.

Nach unserer Hypothese findet also, wie man sieht, jene Wechselbeziehung der Brechungen in diesem Krystall ebenso gut wie in den gewöhnlichen durchsichtigen Körpern statt; es wird dies in der That auch durch die Beobachtungen bestätigt.

36. Ich gehe jetzt zu der Betrachtung der übrigen Schnitte des Krystalls [73] und der darin stattfindenden Brechungsvorgänge über, von welchen, wie man sehen wird, noch andere sehr bemerkenswerthe Erscheinungen abhängen.

Es möge ABH das Parallelepiped des Krystalls darstellen und die obere Grenzfläche $AEHF$ eine vollkommene Raute sein, deren stumpfe Winkel durch die Gerade FE halbirt werden, und die spitzen durch die Gerade AH, die zu FE senkrecht ist.

Der bisher betrachtete Schnitt geht durch die Linien EF, EB und schneidet zugleich die Ebene $AEHF$ unter rechten Winkeln. Die Brechung in demselben hat mit der Brechung der gewöhnlichen durchsichtigen Körper das gemeinsam, dass

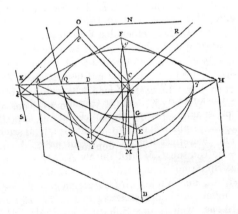

die durch den einfallenden Strahl senkrecht zur Oberfläche des Krystalls gelegte Ebene dieselbe ist, in welcher auch der gebrochene [74] Strahl liegt. Die Brechungen aber, welche zu einem jeden anderen Schnitt des Krystalls gehören, haben die merkwürdige Eigenschaft, dass der gebrochene Strahl stets aus der zur Oberfläche senkrechten Ebene des einfallenden Strahles heraustritt, und nach der Seite der Neigung des Krystalls hin abweicht. Den Grund hierfür werden wir zunächst an dem durch AH gehenden Schnitt darlegen; gleichzeitig werden wir zeigen, wie man die Brechung in demselben nach unserer Hypothese bestimmen kann. Es sei also in der Ebene, welche durch AH geht und auf der Ebene $AFHE$ senkrecht steht, der einfallende Strahl RC gegeben, und man soll den im Krystall gebrochenen Strahl finden.

37. Um den Mittelpunkt C, den ich im Durchschnitt von AH und FE annehme, denke man sich ein Halbsphäroid $QGqgM$, wie es das Licht bei der Ausbreitung im Krystall bilden muss; sein Schnitt [75] mit der Ebene $AEHF$ sei die Ellipse $QGqg$, deren grösster Durchmesser Qq, welcher in der Linie AH liegt, nothwendig einer der grössten Durchmesser des Sphäroids sein wird; denn da die Achse des Sphäroids in der Ebene durch FEB liegt, auf welcher QC senkrecht steht, so folgt, dass QC auch auf der Achse des Sphäroids senkrecht steht und folglich QCq einer seiner grössten Durchmesser ist. Der kleinste Durchmesser Gg dieser Ellipse aber wird zu Qq das Verhältniss besitzen, welches oben in Nr. 27 zwischen CG und dem grossen Halbmesser CP des Sphäroids festgestellt wurde, nämlich das von 98779 zu 105032.

Die Länge der Linie N möge den Weg des Lichtes in der Luft darstellen, während es in dem Krystall vom Centrum C aus das Sphäroid $QGqgM$ bildet; und nachdem man in der Ebene durch CR und AH die Senkrechte CO auf dem Strahl CR errichtet hat, ziehe man in dem Winkel ACO senkrecht zu CO die der N gleiche Strecke OK, welche die Gerade AH in K schneidet. Angenommen sodann, dass CL senkrecht auf der Oberfläche $AEHF$ des Krystalls stehe und CM die Brechungsrichtung des senkrecht auf eben diese Fläche auffallenden Strahles sei, werde nun durch die Gerade CM und durch KCH eine Ebene gelegt, die das Sphäroid in der Halbellipse QMq schneidet, die gegeben ist, da der Winkel MCL gleich 6° 40′ gegeben ist. Nach der obigen Auseinandersetzung in Nr. 27 ist nun gewiss, dass eine Ebene, welche das Sphäroid im Punkte M berühren würde, wo, wie ich annehme, die Gerade CM seine Oberfläche schneidet, der Ebene QGq parallel sein würde. Wenn man also nunmehr durch den Punkt K die Linie KS parallel zu Gg

zieht, die auch zu QX, der Tangente der Ellipse QGq in Q, parallel ist, und wenn man sich eine durch KS gehende Ebene denkt, welche das Sphäroid berührt, so wird der Berührungspunkt nothwendigerweise in der Ellipse QMq liegen, weil diese Ebene durch KS, ebenso gut wie die Berührungsebene des Sphäroids im Punkte M, der Tangente QX des Sphäroids parallel ist. Diese Folgerung wird nämlich am Ende dieses Abschnittes bewiesen werden. Dieser Berührungspunkt ergebe sich in I, nachdem man KC, QC, DC einander proportional gemacht und DI parallel zu CM gezogen hat. Verbindet [**76**] man nun I mit C, so behaupte ich, dass CI der gesuchte zu RC gehörige gebrochene Strahl ist. Dies wird klar, wenn wir, die auf dem Strahl RC senkrechte Gerade CO als einen Theil einer Lichtwelle betrachtend, den Nachweis führen, dass die Fortsetzung ihrer Stelle C sich im Krystall in I befindet, wenn O in K angekommen ist.

38. Wie wir nun, in dem Kapitel über die Reflexion, bei dem Nachweis, dass der einfallende und zurückgeworfene Strahl stets in der nämlichen, zur reflektirenden Fläche senkrechten Ebene liegen, die Breite der Lichtwelle in Betracht zogen, ebenso müssen wir auch hier die Breite der Welle CO nach dem Durchmesser Gg in Betracht ziehen. Indem wir nämlich die Breite Cc nach der Seite des Winkels E hin auftragen, werde das Rechteck $COoc$ als ein Stück der Welle angesehen und die Rechtecke $CKkc$, $CIic$, $KIik$, $OKko$ dazu gezeichnet. In der Zeit nun, in welcher die Linie Oo an der Oberfläche des Krystalls in Kk angekommen ist, sind alle Punkte der Welle $COoc$ zum Rechteck Kc durch die zu OK parallelen Linien gelangt und von ihren Einfallspunkten aus haben sich ausserdem besondere Halbsphäroide in dem Krystall gebildet, ähnlich und ähnlich gelegen zum Halbsphäroid QMq; dieselben werden sämmtlich die Ebene des Parallelogramms $KIik$ berühren müssen in dem Augenblick, in welchem Oo in Kk ist. Dies lässt sich leicht einsehen, da alle diejenigen dieser Halbsphäroide, deren Mittelpunkte in der Linie CK liegen, diese Ebene in der Linie KI berühren (denn dies ergiebt sich auf dieselbe Weise, wie bei der Brechung des schiefen Strahles in dem durch EF gehenden Hauptschnitt), und da alle Halbsphäroide, welche ihre Mittelpunkte in der Linie Cc haben, dieselbe Ebene Ki in der Linie Ii berühren, weil alle letzteren dem Halbsphäroid QMq gleich sind. Da also das Rechteck Ki alle diese Sphäroide berührt, so muss es genau die Fortsetzung der Welle

$COoc$ im Krystall sein, wenn Oo in Kk angelangt ist, weil dort die Bewegung begrenzt und in grösserer Menge vorhanden ist als überall anderswo. Es ist somit klar, [**77**] dass der Ort C der Welle $COoc$ seine Fortsetzung in I hat, d. h. dass der Strahl RC sich nach CI hin bricht.

Dabei ist noch zu bemerken, dass das Verhältniss der Brechung für diesen Schnitt des Krystalls dasjenige der Linie N zum Halbmesser CQ ist. Hierdurch wird man leicht die Brechung aller einfallenden Strahlen in derselben Weise finden, wie wir es oben für den Schnitt durch EF gezeigt haben; auch der Beweis ist derselbe. Es ist jedoch klar, dass dieses Brechungsverhältniss hier geringer ist, als in dem Schnitt durch FEB; denn es war dort wie N zu CG, d. h. wie 156 962 zu 98 779, also sehr nahe wie 8 zu 5, während es hier wie N zu CQ, dem halben grössten Durchmesser des Sphäroids, ist, d. h. wie 156 962 zu 105 032, also sehr nahe wie 3 zu 2, jedoch um ein weniges geringer. Es stimmt dies ebenfalls vollkommen mit den Ergebnissen der Beobachtung überein.

39. Diese Verschiedenheit der Brechungsverhältnisse bringt übrigens eine sehr eigenthümliche Wirkung dieses Krystalls hervor; legt man ihn nämlich auf ein mit Buchstaben oder anderen Zeichen beschriebenes Papierblatt und blickt hindurch, mit den Augen in der Ebene des Schnittes EF, so sieht man die Buchstaben infolge der unregelmässigen Brechung höher emporgehoben, als wenn man die Augen in die Ebene des Schnittes AH bringt. Der Unterschied der Erhebungen macht sich durch die andere regelmässige Brechung des Krystalls bemerkbar, deren Verhältniss gleich 5 zu 3 ist; diese hebt die Buchstaben immer gleich hoch und zwar höher, als es die unregelmässige Brechung thut. Man sieht nämlich die Buchstaben und das Papier, worauf sie geschrieben sind, gleichsam in zwei verschiedenen Stockwerken auf einmal; und bei der ersten Stellung der Augen, d. h. wenn sie in der Ebene AH sich befinden, sind diese beiden Stockwerke viermal weiter von einander entfernt, als wenn die Augen sich in der Ebene durch EF befinden.

[**78**] Wir werden zeigen, dass diese Wirkung aus jenen Brechungsverhältnissen folgt; dies wird zugleich ermöglichen, den scheinbaren Ort eines unmittelbar unter dem Krystall befindlichen Punktes anzugeben, je nach der verschiedenen Lage der Augen.

40. Untersuchen wir zunächst, um wieviel die unregelmässige

Ueber das Licht.

Brechung der Ebene durch AH die Grundfläche des Krystalls emporheben muss. Die Ebene der nebenstehenden Figur stelle den Schnitt durch Qq und CL, in welchem auch der Strahl RC liegt, besonders dar, und die durch Qq und CM gelegte halbelliptische Ebene sei zur ersteren, wie vorher, unter einem Winkel von $6°40'$ geneigt; die letztere Ebene enthält alsdann den zu RC gehörigen gebrochenen Strahl CI.

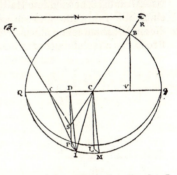

Wenn jetzt der Punkt I auf der Grundfläche des Krystalls angenommen und durch die Strahlen ICR, Icr erblickt wird, welche in den Punkten Cc, die von D gleich weit entfernt sein müssen, in gleicher Weise gebrochen werden, und wenn diese Strahlen die beiden Augen in Rr treffen, so ist sicher, dass der Punkt I nach S gehoben erscheinen wird, wo die Geraden RC, rc zusammentreffen; dieser Punkt S liegt in der zu Qq senkrechten Geraden DP. Wenn man nun auf DP das Loth IP fällt, das ganz in der Grundfläche des Krystalls liegt, so wird die Strecke SP die scheinbare Erhebung des Punktes I über diese Grundfläche sein.

[79] Nun werde über Qq ein Halbkreis beschrieben, welcher den Strahl CR in B schneidet, und BV senkrecht auf Qq gezogen; ferner sei das Brechungsverhältniss für diesen Schnitt, wie vorher, das der Linie N zum Halbmesser CQ.

Wie aus der oben in Nr. 31 gezeigten Art, die gebrochenen Strahlen zu finden, einleuchtet, verhält sich N zu CQ wie VC zu CD, aber auch VC zu CD wie VB zu DS; folglich verhält sich N zu CQ wie VB zu DS. Ferner möge ML auf CL senkrecht stehen. Da ich die Augen von dem Krystall ungefähr um einen Fuss entfernt und darum den Winkel RSr sehr klein annehme, so muss VB als gleich dem Durchmesser CQ und DP gleich CL angesehen werden. Demnach verhält sich N zu CQ wie CQ zu DS. Nun besteht aber N aus 156 962 Theilen, deren CM 100 000 und CQ 105 032 enthält. Demnach beträgt DS 70 283. Nun ist aber CL gleich 99 324, d. h. dem Sinus des Complements des Winkels MCL von $6°40'$, wenn man CM als Radius nimmt. Folglich verhält sich die

Strecke DP, die als gleich mit CL angesehen wird, zu DS wie 99324 zu 70283. Sonach kennt man die Erhebung des Punktes I der Grundfläche infolge der Brechung in diesem Schnitt.

41. Es möge jetzt der zweite durch EF (in der vorvorigen Figur) gelegte Schnitt dargestellt werden, und GMg sei die in Nr. 27 und 28 betrachtete Halbellipse, welche durch den Schnitt einer Sphäroidwelle mit dem Centrum C entsteht. [80] Der in dieser Ellipse angenommene Punkt I soll wieder auf der Unterfläche des Krystalls gedacht und durch die gebrochenen Strahlen

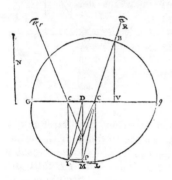

ICR, Icr erblickt werden, welche die beiden Augen so treffen, dass CR, cr zur Oberfläche Gg des Krystalls gleich geneigt sind. Zieht man unter diesen Annahmen ID parallel zur Geraden CM, welche der gebrochene Strahl zu dem im Punkte C einfallenden senkrechten Strahle sei, so werden die Entfernungen DC, Dc gleich sein, wie sich leicht aus der Darlegung in Nr. 28 ersehen lässt.

Nun ist gewiss, dass der Punkt I in S erscheinen muss, wo die verlängerten Geraden RC, rc zusammentreffen, und dass dieser Punkt S in die zu Gg Senkrechte DP fällt. Wenn man jetzt IP zu DP senkrecht zieht, so wird die Strecke PS die scheinbare Erhebung des Punktes I angeben. Man beschreibe sodann über Gg einen Halbkreis, der CR in B schneidet, und ziehe BV senkrecht zu Gg, und N zu GC gebe das Brechungsverhältniss in diesem Schnitte an, wie in Nr. 28. Da also CI der zu BC gehörige gebrochene Strahl und DI parallel zu CM ist, so muss sich nach dem Beweis in Nr. 31 VC zu CD wie N zu GC verhalten. Es verhält sich aber auch VC zu CD wie BV zu DS. Man ziehe jetzt ML senkrecht auf CL. Weil ich wieder die Augen in einiger Entfernung über dem Krystall annehme, so kann BV gleich dem Halbmesser CG gesetzt werden, sodass alsdann DS die dritte Proportionale zu den Linien N und CG wird; ebenso kann man dann DP gleich CL annehmen. [81] Da nun CG aus 98778 solchen Theilen besteht, deren CM 100000 enthält, so besteht N aus 156962 Theilen. DS wird demnach 62163 enthalten. Aber auch CL ist bestimmt und fasst 99324 Theile, wie in Nr. 34 angegeben ist. Das Verhältniss von PD zu DS ist also 99324 zu 62163. Man kennt somit die Erhebung des Punktes I der Grundfläche infolge der Brechung in diesem Schnitt; und offenbar ist diese Erhebung grösser als diejenige durch die Brechung in dem vorhergehenden Schnitt, weil das Verhältniss von PD zu DS dort gleich 99324 zu 70283 war.

Vermöge der regelmässigen Brechung des Krystalles aber, deren Verhältniss, wie oben angegeben wurde, 5 zu 3 ist, beträgt die Erhebung des Punktes I oder P über die Grundfläche $\frac{2}{5}$ der Höhe DP, wie man aus der folgenden Figur erkennt, in welcher der Punkt P, da er durch die in der Oberfläche Cc gleich stark gebrochenen Strahlen PCR, Pcr gesehen wird, in S erscheinen muss, d. h. in der Senkrechten PD, in welcher sich die Verlängerungen der Geraden RC, rc schneiden; ferner weiss man, dass die Linie PC sich zu CS verhält wie 5 zu 3, da sie sich zu einander verhalten wie der Sinus des Winkels CSP oder DSC zum Sinus des Winkels SPC. 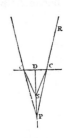 Weil nun die beiden Augen in Rr in sehr weiter Entfernung über dem Krystall angenommen werden, so kann das Verhältniss von PD zu DS gleich demjenigen von PC zu CS gesetzt werden; daher wird auch die Erhebung PS gleich $\frac{2}{5}$ von PD sein.

42. Stellt nun die Gerade AB, deren Punkt B sich auf der Unterseite des Krystalls befindet, die Dicke des letzteren dar und theilt man sie im Verhältniss der gefundenen Erhebungen in den Punkten C, D, E, indem man AE gleich $\frac{3}{5}AB$, AB zu AC gleich 99324 zu 70283 und AB zu AD gleich 99324 zu 62163 macht, so werden diese Punkte die Linie AB so theilen wie in der nebenstehenden Figur. Und man wird finden, dass dies mit der Erfahrung vollkommen übereinstimmt; [82] wenn man nämlich die Augen in die Ebene bringt, welche den Krystall längs des kleinen Durchmessers des oberen Rhombus schneidet, so hebt die regelmässige Brechung die Buchstaben nach E, während man die Grundfläche und die Buchstaben, auf welche sie gelegt ist, durch die unregelmässige Brechung nach D emporgehoben sieht. Bringt man jedoch die Augen in die Ebene, welche den Krystall längs des grossen Durchmessers des oberen Rhombus schneidet, so wird die regelmässige Brechung die Buchstaben wie vorher nach E erheben, die unregel-

mässige Brechung aber wird sie gleichzeitig nur bis C gehoben
zeigen, derart, dass der Zwischenraum CE das Vierfache des
Zwischenraums ED beträgt, den man vorher erblickte.

43. Ich brauche hier nur noch darauf hinzuweisen, dass in
allen beiden Stellungen der Augen die durch die unregelmässige
Brechung erzeugten Bilder nicht gerade unterhalb derjenigen
erscheinen, welche von der regelmässigen Brechung herrühren,
sondern seitlich davon abweichen, indem sie sich weiter von
dem gleichseitigen Körperwinkel des Krystalls entfernen; denn
dies ergiebt sich aus allem, was bis jetzt über die unregelmässige
Brechung dargelegt wurde, und geht überdies klar aus den
letzten Beweisen hervor, wonach der Punkt I infolge der unregelmässigen Brechung in S, auf der Senkrechten DP, erscheint; auf dieser muss auch das von der regelmässigen Brechung herrührende Bild des Punktes P erscheinen, nicht aber
das Bild des Punktes I, welches vielmehr beinahe gerade über
diesem Punkte I und höher als S liegen wird.

Was indessen die scheinbare Erhebung des Punktes I in den
anderen Stellungen der Augen über dem Krystall, ausser den
beiden Stellungen, die wir soeben untersucht haben, anlangt,
so wird das Bild dieses Punktes infolge der unregelmässigen
Brechung stets zwischen D und C erscheinen, indem es von der
einen Höhenlage zur anderen übergeht, während man sich rings
um den festliegenden Krystall dreht und dabei durch ihn hindurch blickt. Alles dies steht ebenfalls mit unserer Hypothese
im Einklange, wovon sich jeder überzeugen kann, wenn ich
hier gezeigt haben werde, auf welche Art die unregelmässig
gebrochenen [83] Strahlen gefunden werden, welche allen anderen Schnitten des Krystalls ausser den beiden von uns betrachteten angehören. Nehmen wir irgend eine der Flächen des
Krystalles an, und in dieser die Ellipse HDE, deren Mittelpunkt C auch der Mittelpunkt des Sphäroids HME sei, in
welchem sich das Licht ausbreitet, und dessen Schnitt die ge-
nannte Ellipse ist. Der einfallende Strahl, zu welchem der
gebrochene Strahl gefunden werden soll, sei RC.

Durch den Strahl RC werde eine Ebene gelegt, die senkrecht stehe zur Ebene der Ellipse HDE und sie längs der
Geraden BCK schneidet; und nachdem in der nämlichen durch
RC gelegten Ebene CO auf CR senkrecht errichtet worden,
werde in den Winkel OCK die Gerade OK senkrecht auf OC
und gleich der Linie N eingepasst, welche letztere den Weg
des Lichts in der Luft angeben soll in dem Zeitraum, in welchem

es sich in dem Krystall durch das Sphäroid $HDEM$ ausbreitet. Sodann werde durch den Punkt K in der Ebene der Ellipse $HDEKT$ senkrecht auf BCK gezogen. Denkt man sich jetzt durch die Gerade KT eine Ebene gelegt, welche das Sphäroid HME in I berührt, so wird die Gerade CI der zu RC gehörige gebrochene Strahl sein, wie leicht aus den Darlegungen in Nr. 36 zu schliessen ist.

Es muss jedoch gezeigt werden, wie man den Berührungspunkt I bestimmen kann. Man ziehe zu der Geraden KT eine Parallele HF, welche die Ellipse HDE berührt; der Berührungspunkt [84] sei H. Nachdem man durch C und H eine KT in T schneidende Gerade gezogen hat, denke

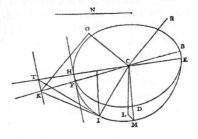

man sich durch diese Gerade CH und durch CM, worunter ich die Brechungsrichtung des senkrechten Strahles verstehe, eine Ebene gelegt, welche in dem Sphäroid den elliptischen Schnitt HME erzeugt. Gewiss ist, dass die Ebene, welche durch KT geht und das Sphäroid berührt, dasselbe in einem Punkte der Ellipse HME berührt, nach dem am Ende des Kapitels zu beweisenden Hilfssatz. Dieser Punkt muss nun der gesuchte Punkt I sein, da die durch KT gelegte Ebene das Sphäroid nur in einem Punkte berühren kann. Der Punkt I ist aber leicht zu bestimmen, weil man nur von dem Punkte T, welcher in der Ebene dieser Ellipse liegt, die Tangente TI auf die früher angegebene Weise zu ziehen braucht. Denn die Ellipse HME ist gegeben, da CH und CM conjugirte Halbmesser derselben sind; eine durch M gezogene und zu HE parallele Gerade berührt nämlich die Ellipse HME, wie sich daraus ergiebt, dass eine durch M gelegte und zur Ebene HDE parallele Ebene nach Nr. 27 und 23 das Sphäroid in diesem Punkte M berührt. Es ist übrigens auch die Lage dieser Ellipse in Bezug auf die durch den Strahl RC und durch CK gehende Ebene gegeben, woraus sich die Lage des gebrochenen Strahls CI in Bezug auf den Strahl RC leicht finden lässt.

Zu bemerken ist noch, dass die nämliche Ellipse HME die Brechung jedes anderen in der Ebene durch RC und CK gelegenen Strahles zu bestimmen gestattet, weil jede zur Geraden

HF oder [85] TK parallele Ebene, welche das Sphäroid berührt, dasselbe, nach dem kurz vorher angeführten Hülfssatze, in dieser Ellipse berührt.

Ich habe auf diese Weise die Eigenschaften der unregelmässigen Brechung dieses Krystalls im Einzelnen untersucht, um zu sehen, ob jede Erscheinung, welche aus unserer Hypothese folgt, mit den Beobachtungen wirklich übereinstimmt. Da dies der Fall ist, so ist es ein nicht gering anzuschlagender Beweis für die Wahrheit unserer Voraussetzungen und Grundsätze. Was ich aber jetzt noch hinzufügen will, bestätigt dieselben noch auf wunderbare Weise. Die Flächen nämlich, welche durch die verschiedenen Schnitte des Krystalls entstehen, bewirken genau solche Brechungen, wie sie nach der vorstehenden Theorie stattfinden müssen und von mir vorhergesehen waren.

Um zu erklären, von welcherlei Art diese Schnitte sind, sei $ABKF$ der Hauptschnitt durch die Axe ACK des Krystalls;

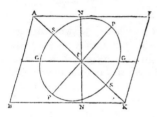

in demselben liegt auch die Axe SS einer sphäroidischen Lichtwelle, die sich in dem Krystall um den Mittelpunkt C ausgebreitet hat, und die gerade Linie, welche SS in der Mitte rechtwinklig schneidet, nämlich PP, wird einer der grössten Durchmesser sein.

Wie nun bei einem natürlichen Schnitt des Krystalls mittelst einer zu zwei gegenüberliegenden Grenzflächen parallelen Ebene, die hier durch die Linie GG dargestellt wird, die Brechung an den so entstandenen Flächen durch die Halbsphäroide GNG, gemäss der vorstehenden Theorie, bestimmt wird, ebenso muss die Brechung an den Flächen, die man erhält, wenn man den Krystall längs NN durch eine zum Parallelogramme $ABKF$ senkrechte Ebene schneidet, durch die Halbsphäroide NGN bestimmt werden; und wenn man ihn [86] längs PP senkrecht zum genannten Parallelogramm schneidet, so muss sich die Brechung an diesen Flächen durch die Halbsphäroide PSP bestimmen, und ebenso bei anderen Schnitten. Nun sah ich aber, dass, wenn die Ebene NN beinahe senkrecht auf der Ebene GG war und mit ihr nach A hin den Winkel NCG von 90° 40' bildete, die Halbsphäroide NGN den Halbsphäroiden GNG ähnlich wurden, da die Ebenen NN und GG gegen die Achse SS gleich geneigt waren, nämlich unter einem Winkel von 45° 20'. Folglich mussten, wenn unsere Theorie richtig ist, die Flächen, welche der Schnitt durch NN erzeugt, genau dieselben Brechungen bewirken, wie die Flächen des Schnittes durch GG. Dies gilt nicht nur für die Flächen des Schnittes NN, sondern auch für alle übrigen, welche durch Ebenen hervorgebracht werden, die gegen die Axe SS unter dem nämlichen Winkel von 45° 20' geneigt sind. Es gab sonach eine unendliche Anzahl von Schnitten, welche genau dieselben Brechungen erzeugen mussten, wie die natürlichen Flächen des Krystalls oder wie ein Schnitt parallel zu irgend einer Spaltungsfläche.

Ich erkannte ferner, dass, wenn man den Krystall durch eine längs PP und senkrecht zur Axe SS gelegte Ebene schneidet, die Brechung an den Flächen derart sein musste, dass der senkrechte Strahl überhaupt keine Brechung erlitt, bei den schiefen Strahlen aber gleichwohl eine von der regelmässigen verschiedene, unregelmässige Brechung stattfand, durch welche die unter dem Krystall befindlichen Gegenstände weniger gehoben wurden als durch die regelmässige.

Wenn man ferner den Krystall durch irgend eine Ebene [87] längs der Axe SS, wie etwa durch die Ebene der Figur, durchschneidet, so darf der senkrechte Strahl ebenfalls keine Brechung erleiden, während für schiefe Strahlen die unregelmässige Brechung je nach der Lage der Ebene, in welcher der einfallende Strahl sich befindet, verschiedene Werthe besitzt.

Diese Erscheinungen zeigten sich nun wirklich so wie vorausgesagt, und ich konnte daraufhin nicht zweifeln, dass überall ein gleicher Erfolg eintreten würde. Hieraus zog ich den Schluss, dass man aus diesem Krystall seiner natürlichen Gestalt ähnliche Körper formen kann, welche an allen ihren Flächen dieselbe regelmässige und unregelmässige Brechung bewirken, wie die natürlichen Flächen, und gleichwohl sich ganz anders, und nicht parallel zu irgend einer Grenzfläche spalten.

Man kann daraus auch Pyramiden mit quadratischer, fünf-, sechs- oder beliebig vielseitiger Grundfläche herstellen, deren Flächen sämmtlich dieselbe Brechung bewirken wie die natürlichen Flächen des Krystalls, mit Ausnahme der Grundfläche, welche den senkrechten Strahl nicht bricht. Diese Flächen bilden sämmtlich mit der Axe des Krystalls einen Winkel von 45° 20', während die Grundfläche ein zur Axe senkrechter Schnitt ist.

Endlich kann man aus ihm auch dreiseitige oder beliebig

vielseitige Prismen herstellen, bei denen weder die Seiten- noch die Grundflächen den senkrechten Strahl brechen, obschon sie gleichwohl für schräge Strahlen sämmtlich doppelte Brechung bewirken. Der Würfel ist unter diesen Prismen mit einbegriffen, wenn seine Grundflächen zur Krystallaxe senkrechte, und die Seitenflächen zu dieser Axe parallele Schnitte sind.

Aus dem allen erhellt noch, dass die Ursache der unregelmässigen Brechung durchaus nicht auf der Anordnung der Schichten beruht, aus welchen dieser Krystall zusammengesetzt zu sein scheint, und nach welchen er sich in drei verschiedenen Richtungen spaltet, und dass man sie vergeblich darin suchen würde.

[88] Damit aber Jedermann, der von diesem Stein besitzt, durch seine eigenen Versuche die Wahrheit meiner Angaben prüfen kann, so will ich hier das Verfahren mittheilen, dessen ich mich bedient habe, um denselben zu schneiden und zu poliren. Das Schneiden kann man leicht mittelst der scharfen Räder der Steinschneider oder in der Weise ausführen, wie man den Marmor zersägt; das Poliren hingegen ist sehr schwierig, sodass man bei Benutzung der gewöhnlichen Mittel die Flächen eher matt als spiegelnd macht.

Nach mehreren Versuchen habe ich endlich gefunden, dass man zu diesem Zwecke keiner Metallplatte bedarf, sondern eines Stückes mattgeschliffenen Spiegelglases. Auf diesem schleift man den Krystall, wie die Fernrohrgläser, nach und nach mit feinem Sand und Wasser matt und polirt ihn, indem man diese Arbeit lediglich fortsetzt und dabei das Schleifmaterial fortwährend vermindert. Es gelang mir gleichwohl nicht, ihn vollkommen klar und durchsichtig zu machen; allein die Gleichmässigkeit, welche die Flächen erlangen, bewirkt, dass man an ihnen die Wirkungen der Brechung besser beobachtet, als an den Spaltungsflächen des Steines, welche immer etwas ungleichmässig sind.

Selbst wenn die Oberfläche nur mittelmässig geglättet ist, wird sie sehr durchsichtig, wenn man sie mit ein wenig Oel oder Eiweiss einreibt, sodass man die Brechung daran sehr deutlich beobachten kann. Und dieses Hülfsmittel ist besonders nothwendig, wenn man die natürlichen Flächen poliren will, um ihnen die Unebenheiten zu nehmen, weil man sie nicht ebenso glänzend machen kann, wie die anderen Schnittflächen, welche um so besser Politur annehmen, je weniger sie den natürlichen Flächen nahekommen.

Ueber das Licht. 79

Bevor ich die Erörterung über diesen Krystall schliesse, will ich noch eine wunderbare Erscheinung hinzufügen, welche ich entdeckt habe, nachdem ich alles obige geschrieben hatte. Denn obwohl ich bis jetzt die Ursache derselben noch nicht habe auffinden können, so will ich doch darum nicht unterlassen darauf hinzuweisen, um anderen Gelegenheit zu geben, sie zu suchen. Es scheint mir, dass man dazu noch andere Voraussetzungen wird machen müssen, [89] ausser jenen, die ich gemacht habe; die letzteren werden deswegen doch ihre ganze Wahrscheinlichkeit behalten, da sie ja durch so viele Beweise bestätigt sind.

Die Erscheinung ist folgende. Nimmt man zwei Stücke dieses Krystalls und legt sie aufeinander, oder hält sie über einander mit einem Zwischenraum zwischen beiden, wobei alle Seiten des einen denjenigen des anderen parallel sind, und wird alsdann ein Lichtstrahl wie AB in dem ersten Stück in zwei zerlegt, nämlich in BD und BC, entsprechend den beiden Brechungen, der regelmässigen und der unregelmässigen: so wird beim Eintritt in das andere Stück jeder Strahl weitergehen, ohne sich

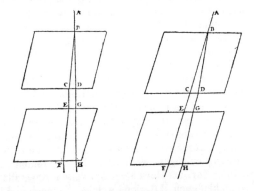

nochmals in zwei zu spalten; sondern derjenige, welcher von der regelmässigen Brechung herrührt, wie hier DG, wird nur noch eine regelmässige Brechung nach GH erleiden, und der andere CE eine unregelmässige nach EF. Dasselbe findet nicht nur bei dieser Anordnung, sondern auch bei allen jenen statt, in welchen der [90] Hauptschnitt des einen und des anderen Stückes in ein und derselben Ebene liegt, ohne dass die beiden einander zugekehrten Flächen parallel sein müssen. Nun ist es wunderbar, warum die Strahlen CE und DG, welche aus der Luft auf den unteren Krystall treffen, sich nicht ebenso theilen wie der erste Strahl AB. Man könnte sagen, dass der Strahl DG beim Durchgang durch das obere Stück die Fähigkeit verloren habe, die Materie, welche die unregelmässige Brechung bewirkt, zu erregen, und dass CE in ähnlicher Weise die Fähigkeit eingebüsst habe, die Materie zu bewegen, welche die regelmässige Brechung bedingt: aber es giebt noch eine Thatsache, welche diese Ueberlegung zu Nichte macht. Wenn man nämlich die beiden Krystalle in der Weise anordnet, dass die Ebenen der Hauptschnitte sich rechtwinklig schneiden, gleichviel ob die einander zugekehrten Flächen zu einander parallel sind oder nicht, so bewirkt alsdann der von der regelmässigen Brechung herrührende Strahl, wie DG, nur noch eine unregelmässige [**91**] Brechung in dem unteren Stück, wogegen der von der unregelmässigen Brechung herrührende Strahl, wie CE, nur noch eine regelmässige Brechung bewirkt.

In allen den unendlich vielen anderen Stellungen aber, ausser den soeben bezeichneten, theilen sich die Strahlen DG, CE infolge der Brechung des unteren Krystalles von neuem in je zwei, sodass aus dem einzigen Strahl AB deren vier entstehen, bald von gleicher Helligkeit, bald von sehr verschiedener, je nach der verschiedenen gegenseitigen Lage der Krystalle, jedoch so, dass sie alle zusammen anscheinend nicht mehr Licht enthalten, als der eine Strahl AB.

Bedenkt man nun, dass die Strahlen CE, DG, welche immer dieselben bleiben, je nach der Lage, welche man dem unteren Stück giebt, in je zwei oder gar nicht zerlegt werden, während sich der Strahl AB immer theilt, so scheint man zu dem Schlusse gezwungen zu sein, dass die Lichtwellen infolge des Durchgangs durch den ersten Krystall eine gewisse Gestalt oder Anordnung erlangen, durch welche sie, indem sie in gewisser Stellung auf das Gewebe des zweiten Krystalls treffen, die zwei verschiedenen Materien, welche die beiden Arten der Brechung bedingen, in Bewegung zu setzen vermögen, während sie, in einer anderen Stellung auf den zweiten Krystall treffend, nur die eine dieser Materien in Bewegung setzen können. Wie dies aber geschieht, dafür habe ich bis jetzt eine mich befriedigende Erklärung nicht gefunden.

Indem ich daher diese Untersuchung anderen überlasse, gehe ich zu dem über, was ich bezüglich der Ursache der aussergewöhnlichen Gestalt dieses Krystalls zu sagen habe, und zu der Frage, warum er sich nach drei verschiedenen Richtungen, parallel zu irgend einer seiner Flächen, so leicht spalten lässt.

Es giebt manche Pflanzen, Mineralien und krystallisirte Salze, welche sich mit bestimmten Winkeln und in regelmässigen Figuren bilden. So findet man unter den Blumen viele, deren Blätter in regelmässigen Vielecken mit 3, 4, 5 oder 6, aber nicht mehr, Seiten angeordnet sind. Dieses Verhalten verdient sehr beachtet zu werden, [92] sowohl wegen der regelmässigen Figur selbst, als auch wegen dieser Zahl 6, die sie nicht überschreitet.

Der Bergkrystall kommt gewöhnlich in sechsseitigen Säulen vor, und man findet Diamanten mit einer quadratisch abgestumpften Ecke und glatten Flächen. Es giebt eine Art flacher Steinchen, welche dicht über einander geschichtet sind; sie sind sämmtlich von fünfeckiger Gestalt mit abgerundeten Winkeln und ein wenig einwärts gebogenen Seiten.[11]) Die Körner grauen Salzes, welche aus dem Meerwasser sich abscheiden, nehmen die Gestalt des Würfels an, oder wenigstens seine Winkel; bei den Krystallbildungen anderer Salze und des Zuckers findet man andere Körperwinkel mit vollständig ebenen Flächen. Der feine Schnee fällt fast immer in Gestalt kleiner sechsstrahliger Sterne, und manchmal von Sechsecken mit geraden Seiten. Ferner habe ich im Wasser, das zu gefrieren beginnt, häufig eine Art ebener und dünner Eisblättchen beobachtet, deren Mittelstreifen Zweige aussendet, die zu ihm unter einem Winkel von 60° geneigt sind. Alle diese Thatsachen verdienen sorgfältig untersucht zu werden, um zu erkennen, wie und mit welchem Kunstgriff die Natur dabei verfährt. Ich hege indessen jetzt nicht die Absicht, diesen Gegenstand erschöpfend zu behandeln. Im Allgemeinen scheint die Regelmässigkeit, welche sich in diesen Gebilden offenbart, von der Anordnung der kleinen unsichtbaren und gleichen Theilchen herzurühren, aus denen sie zusammengesetzt sind. Stellt man sich nun, um auf unsern isländischen Krystall zurückzukommen, eine Pyramide wie $ABCD$ vor, zusammengesetzt aus kleinen

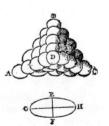

runden Körperchen, welche nicht kugelförmig, sondern abgeplattete Sphäroide sind, wie sie entstehen würden durch die Drehung der nebenstehenden Ellipse GH [93] um ihren kleinsten Durchmesser EF, dessen Verhältniss zum grössten

Durchmesser sehr nahe gleich demjenigen von 1 zu der Quadratwurzel aus 8 ist, so behaupte ich, dass der körperliche Winkel der Ecke *D* gleich dem stumpfen und gleichseitigen Winkel dieses Krystalls ist. Ferner behaupte ich, dass, wenn diese Körperchen leicht zusammengeleimt wären, die Pyramide beim Zerbrechen sich nach den Flächen spalten würde, welche den ihre Spitze bildenden Flächen parallel sind; und dass durch dieses Mittel, wie leicht einzusehen ist, Prismen erzeugt würden, welche jenen unseres Krystalles ähnlich sind, wie die folgende Figur es darstellt. Der Grund hierfür ist, dass bei einem derartigen Zerspalten jede Schicht sich leicht von ihrer benachbarten trennt, weil jedes Sphäroid sich nur von drei Sphäroiden der anderen Schicht losreisst; nur bei dem einen unter diesen dreien findet die Berührung in der abgeplatteten Oberfläche statt, bei den zwei anderen aber nur längs der Ränder. Dass die Flächen sich leicht und glatt trennen, kommt daher, dass, wenn irgend ein Sphäroid der benachbarten Schicht aus derselben austreten wollte, um derjenigen anzuhaften, welche sich ablöst, es sich von sechs anderen Sphäroiden losreissen müsste, welche es festhalten und von denen vier es mit ihren abgeplatteten Seiten drücken. Da hiernach sowohl die Winkel unseres Krystalles, als auch die Art, wie er sich spaltet, genau mit dem übereinstimmen, was sich aus der Betrachtung des Gebildes aus solchen Sphäroiden ergiebt, so hat man grosse Berechtigung zu der Ansicht, dass seine Theilchen in dieser Weise gestaltet und angeordnet sind.

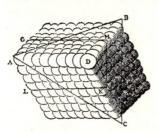

Es ist sogar ziemlich wahrscheinlich, dass die Prismen dieses Krystalls sich durch das Zerbrechen der Pyramiden bilden, [94] da *Bartholinus* berichtet, dass man zuweilen Stücke in Gestalt dreiseitiger Pyramiden findet. Wenn aber eine Masse nur im Innern aus derartig angeordneten kleinen Sphäroiden besteht, welche Gestalt sie auch nach aussen haben mag, so müssten sie nach dem eben Gesagten beim Zerbrechen ähnliche Prismen liefern. Es bleibt noch übrig, zuzusehen, ob es noch andere Gründe giebt, die unsere Annahme bestätigen, und ob keine vorhanden sind, welche dagegen sprechen.

Man kann einwenden, dass der Krystall, wenn er so

zusammengesetzt ist, sich auf noch zwei Arten müsste spalten lassen, nämlich erstens parallel zur Grundfläche der Pyramide, d. h. zum Dreieck ABC; zweitens parallel zu einer Ebene, deren Schnitt durch die Linien GH, HK, KL angegeben wird. Hierzu bemerke ich, dass beide Theilungsarten, wenngleich möglich, doch schwieriger als diejenigen sind, welche irgend einer der drei Ebenen der Pyramide parallel laufen, und dass daher der Krystall, wenn man auf ihn schlägt, um ihn zu zertrümmern, sich immer eher nach diesen drei Ebenen als nach den beiden anderen spalten muss. Hat man eine Anzahl Sphäroide von der oben angegebenen Gestalt und setzt sie zu einer Pyramide zusammen, so sieht man, warum jene beiden Theilungsarten schwieriger sind. Denn was die Theilung parallel mit der Grundfläche anlangt, so muss sich jedes Sphäroid von drei anderen losreissen, welche es mit den abgeplatteten Flächen berühren, und stärker festhalten als die Berührungen längs der Ränder. Ausserdem kann diese Trennung nicht in ganzen Schichten [95] geschehen, weil jedes der Sphäroide einer Schicht durch die 6 dasselbe umgebenden der nämlichen Schicht fast gar nicht festgehalten wird, da sie es nur längs der Ränder berühren. Daher haftet dasselbe leicht an der Nachbarschicht und aus demselben Grunde andere an ihm, wodurch unebene Flächen entstehen. Auch weiss man aus der Erfahrung, dass der Krystall, wenn man ihn senkrecht zur Achse des gleichseitigen Körperwinkels auf einem ein wenig rauhen Steine abschleift, sich zwar in dieser Richtung mit grosser Leichtigkeit abnutzt, dass aber die so erhaltene abgeplattete Fläche sich alsdann nur mit grosser Schwierigkeit poliren lässt.

Was die andere Spaltungsart nach der Ebene $GHKL$ anlangt, so wird man bemerken, dass sich jedes Sphäroid von vier Sphäroiden der Nachbarschaft abtrennen muss, deren zwei es mit den abgeplatteten Oberflächen und zwei mit den Rändern berühren. Diese Trennung ist daher ebenfalls schwieriger als jene parallel mit einer der Flächen des Krystalls, wo, wie wir gezeigt haben, jedes Sphäroid sich nur von dreien seiner Nachbarschicht loslöst, von welchen nur eins mit der abgeplatteten Oberfläche, die beiden anderen aber blos mit den Rändern dasselbe berühren.

Dass indessen in dem Krystall Schichten von der letzten Art vorhanden sind, habe ich an einem ein halbes Pfund schweren Stück, das ich besitze, erkannt; man sieht nämlich, dass es seiner ganzen Länge nach gespalten ist, gerade so wie das obige Prisma durch die Ebene $GHKL$; es offenbart sich dies durch die über diese ganze Ebene verbreiteten Regenbogenfarben, obgleich die beiden Stücke noch zusammenhalten. Alles dies beweist also, dass das Gefüge des Krystalls so beschaffen ist, wie ich angegeben habe. Dem Vorstehenden füge ich jedoch noch die folgende Beobachtung hinzu: wenn man ein Messer über irgend eine der natürlichen Flächen hinführt, um sie zu ritzen, und zwar, indem man von der gleichseitigen stumpfen Ecke, d. h. von der Spitze der Pyramide abwärts fährt, so findet man den Krystall sehr hart; ritzt man aber in entgegengesetzter Richtung, so schneidet man leicht ein. Dies folgt offenbar aus der Lage der [96] kleinen Sphäroide, über welche das Messer im ersten Falle hinweggleitet; im anderen Falle aber fasst es sie von unten, etwa wie die Schuppen eines Fisches.

Ich will nicht versuchen zu erörtern, wie so viele, sämmtlich unter einander gleiche und ähnliche Körperchen entstehen, noch wie sie in eine so schöne Ordnung gebracht sind; ob sie sich zuerst gebildet und dann zusammengehäuft haben, oder ob sie beim Entstehen und in dem Maasse, in welchem sie erzeugt werden, sich aneinander reihen, was mir wahrscheinlicher scheint. Zur Enthüllung so verborgener Wahrheiten würde man einer viel grösseren Kenntniss der Natur bedürfen, als wir sie besitzen. Ich will nur hinzufügen, dass diese kleinen Sphäroide sehr wohl dazu beitragen können, die sphäroidischen Lichtwellen zu bilden, welche oben angenommen wurden, da beide dieselbe Lage besitzen und ihre Achsen parallel sind.

Rechnungen,
welche in diesem Kapitel vorausgesetzt sind.

Bartholinus setzt in seiner Abhandlung über diesen Krystall die stumpfen Flächenwinkel gleich 101°, während ich dieselben zu 101° 52′ angegeben habe. Er sagt, er habe diese Winkel unmittelbar an dem Krystall gemessen; es ist jedoch schwierig, dies mit der äussersten Genauigkeit auszuführen, weil die Kanten, wie CA, CB in der folgenden Figur, gewöhnlich abgenutzt und nicht sehr gerade sind. Der grösseren Sicherheit wegen zog ich daher vor, lieber den stumpfen [97] Winkel unmittelbar zu messen, unter welchem die Flächen $CBDA$, $CBVF$ zu einander geneigt sind, nämlich den Winkel OCN, nachdem ich CN senkrecht auf FV und CO senkrecht auf DA gefällt hatte; ich fand diesen Winkel OCN gleich 105°

Ueber das Licht. 85

und seine Ergänzung zu zwei Rechten CNP gleich 75°, wie es sein muss.

Um nun hierdurch den stumpfen Winkel BCA zu bestimmen, dachte ich mir eine Kugel um den Mittelpunkt C und auf ihrer Oberfläche ein sphärisches Dreieck, gebildet durch den Durchschnitt der drei Ebenen, die den Körperwinkel C einschliessen. In diesem gleichseitigen Dreieck, das in der folgenden Figur durch ABF dargestellt wird, muss

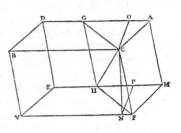

offenbar jeder Winkel gleich 105° sein, d. h. gleich dem Winkel OCN, und jede Seite ebenso viele Grade betragen als der Winkel ACB, ACF oder BCF. Nachdem sodann der Bogen FQ senkrecht auf die Seite AB gezogen war, die von ihm in Q halbirt wird, war also im Dreieck FQA der Winkel Q ein rechter, der Winkel A 105° und F die Hälfte davon, nämlich 52°30′; hieraus findet man die Hypotenuse AF gleich 101°52′. Dieser Bogen AF ist nun das Maass des Winkels ACF in der obigen Zeichnung des Krystalls.

Wenn in derselben Figur die Ebene $CGHF$ den Krystall so schneidet, dass sie die stumpfen Winkel ACB, MFV halbirt, so beträgt der Winkel CFH, wie in Nr. 10 angegeben worden ist, 70°57′. Dies lässt sich ebenfalls mittelst desselben sphärischen Dreiecks ABF leicht beweisen; denn in demselben hat der Bogen FQ, wie einleuchtet, ebenso viele Grade als der Winkel GCF im Krystall, dessen Ergänzung zu zwei Rechten der Winkel CFH ist. Nun findet man den Bogen FQ zu 109°3′; folglich ist seine Ergänzung, der Winkel CFH, gleich 70°57′.

In Nr. 26 wurde angegeben, dass, da die in der vorhergehenden Figur durch CH dargestellte Gerade [**98**] CS die Achse des Krystalls, d. h. gegen die drei Seiten CA, CB, CF gleich geneigt ist, der Winkel GCH gleich 45°20′ ist. Dies lässt sich ebenfalls leicht durch dasselbe sphärische Dreieck berechnen. Denn zieht man den anderen Bogen AD, welcher BF halbirt und FQ in S schneidet, so bildet dieser Punkt den Mittelpunkt jenes Dreiecks, sodass der Bogen SQ, wie leicht einzusehen ist, in der den Krystall darstellenden Figur das Maass des Winkels GCH ist. Man kennt aber in dem rechtwinkligen Dreieck QAS auch noch den Winkel A von $52°30'$ und die Seite AQ von $50°56'$, woraus man die Seite SQ gleich $45°20'$ findet.

Wenn PMS eine die Gerade MD in M berührende Ellipse mit dem Mittelpunkt C ist und dabei der von CM mit CL, dem Lothe auf DM, gebildete Winkel MCL $6°40'$ beträgt und ihr kleinster Halbmesser CS mit CG, der Parallelen zu MD, einen Winkel GCS von $45°20'$ bildet, so muss man für Nr. 27 den Beweis führen, dass, wenn CM gleich $100\,000$ Theilen ist, der halbe grösste Durchmesser dieser Ellipse, PC, gleich $105\,032$ und CS, der halbe kleinste Durchmesser, gleich $93\,410$ ist.

Wenn die Verlängerungen von CP und CS die Tangente DM in D und Z schneiden und MN, MO von dem Berührungspunkte M aus senkrecht auf CP und CS gezogen werden, so wird der Winkel PCL, da die Winkel SCP, GCL rechte sind, gleich dem Winkel GCS sein, der $45°20'$ beträgt. Zieht

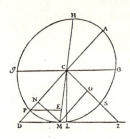

man ferner den Winkel LCM von $6°40'$ von dem $45°20'$ betragenden Winkel LCP ab, so bleibt der Winkel MCP gleich $38°40'$ übrig. Wenn man also CM als Radius gleich $100\,000$ Theilen setzt, so ist MN, der Sinus von $38°40'$, gleich $62\,479$. Weil ferner der Winkel NMD gleich DCL oder GCS ist, so verhält sich in dem rechtwinkligen Dreieck MND die Strecke MN zu ND wie der Radius der Tafeln zu der Tangente von $45°20'$, [99] d. h. wie $100\,000$ zu $101\,170$; hieraus ergiebt sich ND gleich $63\,210$. NC besteht aber aus $78\,079$ solcher Theile, deren CM $100\,000$ enthält, weil NC der Sinus des Complementes zu dem Winkel MCP von $38°40'$ ist; die ganze Strecke DC ist also gleich $141\,289$. Weil nun MD die Ellipse berührt, so ist CP die mittlere Proportionale zwischen DC und CN und daher gleich $105\,032$.

Weil ferner der Winkel OMZ gleich CDZ oder LCZ ist, welcher als Complement zu GCS $44°40'$ beträgt, so folgt, dass die Gerade OM gleich $78\,079$ sich zu OZ gleich $77\,176$ ebenso verhält wie der Radius der Tafeln zu der Tangente von $44°40'$. Nun beträgt aber OC $62\,479$ ebensolcher Theile, deren CM

100000 enthält, weil sie gleich MN ist, dem Sinus des Winkels MCP von 38° 40′. Die Gesammtstrecke CZ ist also gleich 139655, und CS, die mittlere Proportionale zwischen CZ und CO, demnach gleich 93410.

An derselben Stelle wurde gesagt, dass man CG gleich 98779 Theilen findet. Zieht man zum Beweise in der obigen Figur PE parallel zu DM und schneidet dieselbe die Linie CM in E, so ist in dem rechtwinkligen Dreieck CLD die Seite CL gleich 99324 (CM gleich 100000 gesetzt); denn CL ist der Sinus des Complementes des Winkels LCM von 6° 40′. Da ferner der Winkel LCD 45° 20′ beträgt, weil er gleich GCS ist, so findet man die Seite LD gleich 100486, und, indem man davon ML gleich 11609 abzieht, MD gleich 88877. Nun verhält sich die Gerade CD, die gleich 141289 sich ergab, zu DM gleich 88877 ebenso wie CP gleich 105032 zu PE gleich 66070. Da aber das Rechteck MEH oder auch die Differenz der Quadrate CM, CE sich zu dem Quadrate MC verhält wie das Quadrat PE zu dem Quadrate Cg, so verhält sich demnach auch die Differenz der Quadrate DC, CP zu dem Quadrate von CD ebenso [100] wie das Quadrat PE zu dem Quadrate gC. Nun sind aber die Linien DP, CP und PE bekannt; folglich kennt man auch die Linie GC, die gleich 98779 ist.

Hülfssatz,
welcher vorausgesetzt wurde.

Wenn ein Sphäroid von einer geraden Linie und ferner von zwei oder mehreren zu dieser Linie, aber nicht unter sich parallelen Ebenen berührt wird, so liegen alle Berührungspunkte sowohl der Linie als auch der Ebenen auf einer und derselben Ellipse, welche der Schnitt einer Ebene ist, die durch den Mittelpunkt des Sphäroids hindurchgeht.

Wenn das Sphäroid LED durch die Linie BM im Punkte B und auch durch zu dieser Linie parallele Ebenen in den Punkten O und A berührt wird, so soll bewiesen werden, dass die Punkte B, O und A in einer und derselben Ellipse liegen, welche auf dem Sphäroid von einer durch seinen Mittelpunkt gelegten Ebene erzeugt wird.

Durch die Linie BM und durch die Punkte O, A seien zu einander parallele Ebenen gelegt, deren Schnitte mit dem Sphäroid die Ellipsen LBD, POP, QAQ liefern; diese sind sämmtlich einander ähnlich und ähnlich gelegen, und haben ihre Mittelpunkte K, N, R auf einem und demselben Durchmesser des Sphäroids, der auch der Durchmesser derjenigen Ellipse ist, welche durch den Schnitt der Ebene entsteht, welche durch den Mittelpunkt des Sphäroids senkrecht zu den Ebenen der drei erwähnten Ellipsen gelegt ist; alles dies ist nämlich klar aus dem 15. Satz des Buches von *Archimedes* über die Conoide und Sphäroide. Ferner werden die beiden [101] letzten Ebenen, welche durch die Punkte O, A gelegt worden sind, durch ihren

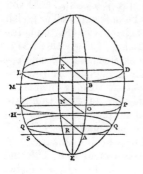

Schnitt mit den Berührungsebenen des Sphäroids in denselben Punkten, gerade Linien wie OH, AS liefern, welche, wie leicht einzusehen ist, zu BM parallel sind; und alle drei Linien BM, OH, AS berühren die Ellipsen LBD, POP, QAQ in diesen Punkten B, O, A: denn sie liegen in den Ebenen dieser Ellipsen und gleichzeitig auch in den Berührungsebenen des Sphäroids. Zieht man jetzt von den Punkten B, O, A Gerade BK, ON, AR durch die Mittelpunkte derselben Ellipsen und durch diese Mittelpunkte auch die Durchmesser LD, PP, QQ parallel mit den Berührungslinien BM, OH, AS, so sind diese Durchmesser conjugirt zu den Durchmessern BK, ON, AR. Und da die drei Ellipsen ähnlich sind und ähnlich liegen und ihre Durchmesser LD, PP, QQ parallel sind, so sind ihre conjugirten Durchmesser BK, ON, AR sicher ebenfalls einander parallel. Da ferner die Mittelpunkte K, N, R, wie erwähnt, auf einem und demselben Durchmesser des Sphäroids liegen, so müssen die Parallelen BK, ON, AR in einer und derselben Ebene liegen, welche durch diesen Durchmesser des Sphäroids hindurchgeht, und folglich die Punkte B, O, A in einer durch den Schnitt dieser Ebene erzeugten Ellipse. Dies war zu beweisen. Es leuchtet ein, dass der Beweis derselbe sein würde, wenn das Sphäroid ausser in den Punkten O, A noch in anderen Punkten durch Ebenen berührt würde, welche der Geraden BM parallel sind.

Kapitel VI.

Ueber die Gestalt der durchsichtigen Körper, welche zur Brechung und Zurückwerfung dienen.

Nachdem ich erklärt habe, wie die Eigenschaften der Reflexion und Brechung aus meiner Annahme [102] über die Natur des Lichtes und der durchsichtigen und undurchsichtigen Körper folgen, will ich jetzt ein sehr leichtes und natürliches Verfahren angeben, um aus denselben Principien die richtigen Körperformen abzuleiten, die geeignet sind, entweder durch Reflexion oder durch Brechung die Lichtstrahlen nach Belieben zu sammeln oder zu zerstreuen. Freilich giebt es, soviel ich sehe, noch kein Mittel, diese Formen im Falle der Brechung nutzbar zu machen; einerseits wegen der Schwierigkeit, die Gläser der Fernrohre mit der erforderlichen Genauigkeit danach zu schleifen, andererseits, weil die Brechung als solche von einer Erscheinung begleitet ist, welche die vollkommene Vereinigung der Lichtstrahlen verhindert, wie *Newton* durch seine Versuche sehr klar bewiesen hat. Trotzdem will ich nicht unterlassen, das Verfahren zu ihrer Ermittelung anzugeben, da sich dasselbe sozusagen von selbst darbietet und ausserdem durch die hierbei zu Tage tretende Uebereinstimmung zwischen dem gebrochenen und reflectirten Strahl unsere Theorie der Brechung bestätigt. Auch kann man dafür vielleicht in der Zukunft Anwendungen entdecken, welche man gegenwärtig noch nicht voraussieht.

Um nun zu diesen Formen selbst zu kommen, stellen wir uns zuerst die Aufgabe, eine Fläche CDE zu finden, welche die von einem Punkte A kommenden Strahlen in einem anderen Punkte B vereinigt. Der Scheitel dieser Fläche sei der in der Geraden AB gegebene Punkt D. Ich sage nun, dass man sowohl für die Reflexion wie auch für die Brechung diese Fläche nur so anzunehmen braucht, dass der Weg des Lichtes von dem Punkte A bis zu allen Punkten der krummen Linie CDE und von diesen bis zum Vereinigungspunkt, d. i. hier der Weg durch die Geraden AC, CB, durch AL, LB und durch AD, DB, stets in gleichen Zeiten durchlaufen wird. Hierdurch wird die Bestimmung dieser Curven sehr leicht.

Denn handelt es sich um eine reflectirende Fläche, so ist klar, dass DCE eine Ellipse sein muss, weil die Summe der Linien AC und CB gleich derjenigen der Linien AD und DB

sein muss. Hat man ferner bei der Brechung das Geschwindigkeitsverhältniss der Lichtwellen in den durchsichtigen Mitteln A und B als bekannt angenommen, z. B. gleich 3 zu 2 (welches, wie wir gezeigt haben, dasselbe ist wie das Verhältniss [103] der Sinus bei der Brechung), so braucht man nur DH gleich

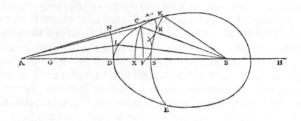

$\frac{3}{2} BD$ zu setzen und, nachdem man um A als Mittelpunkt irgend einen Bogen FC beschrieben hat, welcher DB in F schneidet, um den Mittelpunkt B einen anderen Kreis mit dem Halbmesser BX gleich $\frac{2}{3} FH$ zu beschreiben. Der Schnittpunkt C der beiden Kreisbogen ist dann einer der gesuchten Punkte, durch welche die Curve hindurchgehen muss. Denn ist dieser Punkt auf solche Weise gefunden, so lässt sich zunächst leicht zeigen, dass die zum Durchlaufen von AC und CB erforderliche Zeit gleich der Zeit durch AD und DB ist.

Denn angenommen, die Linie AD stelle die Zeit dar, welche das Licht braucht, um diese Strecke AD in der Luft zu durchlaufen, so wird offenbar die Strecke DH gleich $\frac{3}{2} DB$ diejenige Zeit darstellen, welche das Licht in dem durchsichtigen Körper auf dem Wege DB braucht, weil es hierzu um ebensoviel mehr Zeit beansprucht, als die Bewegung langsamer ist. Demnach stellt die ganze [104] Strecke AH die Zeit vor für den Weg durch AD und DB. Ebenso stellt AC oder AF die auf dem Wege AC verbrauchte Zeit dar. Da nun FH nach der Construction gleich $\frac{3}{2} CB$ ist, so stellt sie die Zeit dar für die Strecke CB in dem durchsichtigen Körper; folglich ist auch die ganze Strecke AH die Zeit für den Weg durch AC und CB. Hiernach ist klar, dass die Durchgangszeit durch AC und CB gleich derjenigen durch AD und DB ist. Auf dieselbe Weise lässt sich ferner zeigen, dass, wenn L und K andere Punkte auf der Curve CDE sind, die Zeiten durch AL, LB und durch AK, KB immer durch die Linie AH dargestellt werden; sie sind demnach gleich der zum Durchlaufen von AD und DB erforderlichen Zeit.

Um sodann zu beweisen, dass die Umdrehungsflächen dieser Curven alle vom Punkte A aus auf sie treffenden Strahlen so ablenken, dass sie nach B hin gehen, werde angenommen, dass der Punkt K auf der Curve von D weiter entfernt sei als C, jedoch so, dass die Gerade AK aussen auf [**105**] die brechende Curve treffe; um den Mittelpunkt B werde ferner der Bogen KS beschrieben, der BD in S und die Gerade CB in R schneidet, und um A als Mittelpunkt der Bogen DN, der AK in N trifft.

Da die Summen der Zeiten durch AK, KB und durch AC, CB einander gleich sind, so bleibt, wenn man von der ersten Summe die Zeit durch KB und von der zweiten die Zeit durch RB abzieht, die Zeit durch AK übrig, die gleich der zum Durchlaufen der beiden Strecken AC und CR erforderlichen Zeit ist. Das Licht hat also in der Zeit, in welcher es die Strecke AK zurückgelegt hat, auch den Weg AC durchlaufen, und ausserdem in dem durchsichti-

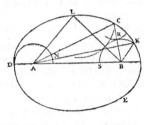

gen Körper eine kugelförmige Einzelwelle gebildet, deren Mittelpunkt C und deren Halbmesser gleich CR ist. Diese Welle muss den Kreisbogen KS in R berühren, weil CB diesen Bogen rechtwinklig schneidet. Nimmt man ferner irgend einen anderen Punkt L auf der Curve an, so lässt sich zeigen, dass das Licht in derselben Zeit, welche es zum Zurücklegen der Strecke AK gebraucht, auch die Gerade AL durchlaufen und ausserdem um den Mittelpunkt C eine Einzelwelle gebildet haben wird, die denselben Kreisbogen KS berührt. Dasselbe gilt von allen übrigen Punkten der Curve CDE. In dem Augenblicke, in welchem das Licht in K angelangt ist, begrenzt also der Bogen KRS die Bewegung, welche sich vom Punkte A aus über DCK ausgebreitet hat. Dieser nämliche Bogen bildet demnach in dem durchsichtigen Körper die Fortpflanzung der vom Punkte A ausgesandten Welle, welche man sich durch den Bogen DN oder durch irgend einen anderen näher an dem Mittelpunkte A gelegenen Bogen dargestellt denken kann. Nun pflanzen sich aber alle Stellen des Bogens KRS weiter fort längs Geraden, die auf ihm senkrecht stehen und daher nach dem Mittelpunkt B gehen (denn dies lässt sich ebenso beweisen, wie wir oben bewiesen haben, dass die Stellen der Kugelwellen sich längs Geraden fortpflanzen, die von ihrem Mittelpunkte kommen), und diese Richtungen des Fortschreitens der Wellenpunkte sind nichts anderes, als die Lichtstrahlen selbst. Es leuchtet also ein, dass alle diese Strahlen in diesem Falle nach dem Punkte B gehen.

Man könnte den Punkt C und alle übrigen Punkte der brechenden Curve auch finden, indem man DA in G so theilt, dass DG gleich $\frac{2}{3}DA$ ist, und um B als Mittelpunkt irgend einen [106] Bogen CX beschreibt, der BD in X schneidet, und einen anderen um A als Mittelpunkt mit dem Halbmesser AF gleich $\frac{3}{2}GX$; oder auch, man brauchte, wenn man wie vorher den Bogen CX beschrieben hat, nur DF gleich $\frac{3}{2}DX$ zu machen und um A als Mittelpunkt den Kreisbogen FC zu ziehen; denn diese beiden Constructionen kommen, wie man leicht erkennen kann, auf die erste zurück, welche wir oben kennen gelernt haben. Aus der letzten ergiebt sich noch, dass diese Curve die nämliche ist, welche *Descartes* in seiner Geometrie gegeben und als das erste seiner Ovale bezeichnet hat.

Nur ein Theil dieses Ovals bewirkt Lichtbrechung, nämlich der von K begrenzte Theil DK, wenn man AK als Tangente annimmt. Was den anderen Theil angeht, so hat *Descartes* bemerkt, dass derselbe zur Brechung beitragen würde, wenn es irgend eine spiegelnde Substanz von solcher Natur geben würde, dass durch sie die Kraft der Strahlen (wir würden sagen die Lichtgeschwindigkeit, was er jedoch nicht hat sagen können, weil sich nach seiner Meinung die Bewegung augenblicklich ausbreitet), in dem Verhältniss von 3 zu 2 vermehrt würde. Wir haben indessen gezeigt, dass eine solche Wirkung von der Substanz des Spiegels nach unserer Erklärung der Reflexion nicht herrühren kann und überhaupt ganz unmöglich ist.

Nach dem, was über dieses Oval bewiesen worden ist, ist es leicht, diejenige Figur aufzufinden, durch welche die parallel einfallenden Strahlen in einem Punkte vereinigt werden. Denn wenn man genau dieselbe Construction ausführt, aber den Punkt A unendlich entfernt annimmt, wodurch die Strahlen parallel werden, so wird unser Oval eine wirkliche Ellipse. Die Construction derselben unterscheidet sich jedoch in nichts von derjenigen des Ovals, wenn man davon absieht, dass FC jetzt eine auf DB senkrechte gerade Linie ist, vorher aber ein Kreisbogen war. Denn da nun die Lichtwelle DN ebenfalls durch eine gerade Linie dargestellt wird, so kann man zeigen, dass alle Punkte dieser Welle, nachdem sie sich bis zur Fläche KD in zu DB parallelen Linien fortgepflanzt haben, sodann bis zum Punkte B vorrücken und daselbst gleichzeitig anlangen. Die Ellipse, welche die Reflexion bewirkt, wird in diesem Falle offenbar eine Parabel, da man ihren [**107**] Brennpunkt A in unendlicher Entfernung von dem anderen Brennpunkt B annimmt. Der

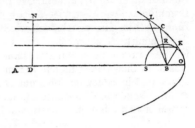

letztere ist hier der Brennpunkt der Parabel, in welchem sämmtliche zu AB parallelen Strahlen nach der Reflexion zusammentreffen. Der Beweis für diese Wirkungen ist ganz derselbe wie der vorhergehende.

Dass aber die krumme Linie CDE, welche die Brechung bewirkt, eine Ellipse ist, deren grosse Achse zu dem Abstande ihrer Brennpunkte in dem Verhältniss von 3 zu 2, d. h. dem Brechungsverhältnisse, steht, lässt sich leicht durch algebraische Rechnung finden. Denn wenn man die gegebene Strecke DB mit a, die auf ihr senkrechte noch unbestimmte Linie DT mit x, und TC mit y bezeichnet, so ist

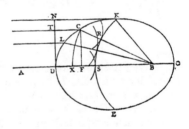

$$FB \text{ gleich } a - y,$$
$$CB \text{ gleich } \sqrt{xx + aa - 2ay + yy}.$$

Die Curve ist aber so beschaffen, dass die Summe von $\tfrac{2}{3}TC$ und CB gleich [**108**] DB ist, wie bei der letzten Construction angegeben wurde; folglich besteht Gleichheit zwischen

$$\tfrac{2}{3}y + \sqrt{xx + aa - 2ay + yy}$$

und a, woraus durch Reduction

$$\tfrac{6}{5}ay - yy \text{ gleich } \tfrac{9}{5}xx$$

hervorgeht; d. h. wenn man DO gleich $\tfrac{6}{5}DB$ macht, so ist das Rechteck DFO gleich $\frac{9}{5}$ des Quadrates über FC. Hieraus erkennt man, dass DC eine Ellipse ist, deren Achse DO sich zum Parameter wie 9 zu 5 verhält; folglich verhält sich das Quadrat über DO zu dem Quadrate über dem Abstand der Brennpunkte wie 9 zu 9 — 5, d. h. wie 9 zu 4; und endlich die Linie DO zu diesem Abstand wie 3 zu 2.

Nimmt man umgekehrt den Punkt B in unendlicher Entfernung an, so finden wir statt unseres ersten Ovals, dass CDE eine wirkliche Hyperbel ist, welche bewirkt, dass die von dem Punkte A kommenden Strahlen parallel werden, und folglich auch, dass die in dem durchsichtigen Körper parallel laufenden Strahlen sich ausserhalb desselben in dem Punkte A vereinigen.

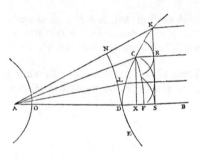

Hierbei ist zu bemerken, dass CX und KS auf BA senkrecht stehende gerade Linien werden, weil sie Kreisbogen darstellen, deren Mittelpunkt B in unendlicher Entfernung liegt, und dass der Durchschnitt der Senkrechten CX und des Bogens FC den Punkt C giebt, einen der Punkte, durch welche die Curve [109] hindurchgehen muss. Demgemäss werden alle Theile der Lichtwelle DN, welche auf die Fläche KDE treffen, von da aus in Parallelen zu KS fortschreiten und zu gleicher Zeit an dieser Geraden ankommen. Der Beweis hierfür bleibt noch derselbe, wie derjenige, dessen wir uns bei dem ersten Oval bedient haben. Durch eine ebenso leichte Rechnung wie die vorhergehende findet man übrigens, dass CDE hier eine Hyperbel ist, deren Achse DO gleich $\frac{4}{5} AD$ und deren Parameter gleich AD ist. Hieraus beweist man leicht, dass DO sich zu dem Abstand der Brennpunkte verhält wie 2 zu 3.

Dies sind die beiden Fälle, in welchen die Kegelschnitte bei der Brechung eine Rolle spielen, und zwar dieselben, welche *Descartes* in seiner Dioptrik behandelt; er war der erste, der die Anwendung dieser Linien auf die Brechung aufgefunden, sowie er auch diejenige der Ovale gezeigt hat, von denen wir das erste bereits besprochen haben. Das zweite ist dasjenige, welches den Strahlen entspricht, die nach einem gegebenen Punkte hinzielen. Ist in diesem Oval D der die [110] Strahlen empfangende Scheitel, so wird der andere Scheitel, je nachdem das Verhältniss von AD zu DB grösser oder kleiner gegeben ist, zwischen B und A oder über A hinaus fallen. In diesem

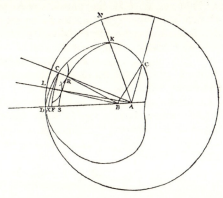

letzteren Falle ist es das nämliche wie dasjenige, welches *Descartes* das dritte nennt.

Die Ermittelung, Construction und Beweisführung ist bei diesem zweiten Oval die nämliche wie bei dem ersten. Indessen ist bemerkenswerth, dass dieses Oval in einem Falle ein vollkommener Kreis wird, nämlich dann, wie ich schon vor sehr langer Zeit wahrgenommen habe, wenn das Verhältniss von AD zu DB gleich dem Brechungsverhältnisse, hier also wie 3 zu 2 ist. Da das vierte Oval nur sachlich unmögliche Reflexionen hervorbringen würde, so brauche ich dasselbe nicht zu besprechen.

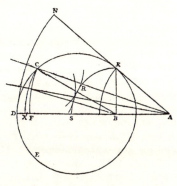

Betreffs des Verfahrens, durch welches *Descartes* diese Linien gefunden hat, will ich, da weder er noch meines Wissens seitdem irgend ein anderer dasselbe auseinandergesetzt hat, an dieser Stelle beiläufig angeben, welcher Art es meiner Meinung nach gewesen sein muss. Es sei die Aufgabe vorgelegt, die Umdrehungsfläche der Curve KDE zu finden, welche die vom

Punkte A auf sie treffenden Strahlen nach dem Punkte B hin ablenkt. Betrachten wir nun diese Curve als schon bekannt, und sei D auf der [111] Geraden AB ihr Scheitel; theilen wir sie durch die Punkte G, C, F in eine unendliche Anzahl kleiner Theilchen; ziehen wir sodann von einem jeden dieser Punkte gerade Linien nach A, welche die einfallenden Strahlen darstellen, und andere Geraden nach B; seien ferner vom Mittelpunkt A aus die Kreisbogen GL, CM, FN, DO beschrieben, welche die von A herkommenden Strahlen in L, M, N, O schneiden, und durch die Punkte K, G, C, F die Bogen KQ, GR, CS, FT, welche die nach B gezogenen Strahlen in Q, R, S, T schneiden, und nehmen wir endlich an, dass die Gerade HKZ die Curve in K rechtwinklig schneidet.

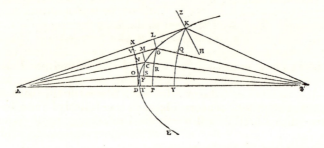

Ist nun AK ein einfallender Strahl und KB der zugehörige gebrochene Strahl im durchsichtigen Körper, so muss nach dem von *Descartes* gekannten Brechungsgesetz der Sinus des Winkels ZKA sich zum Sinus des Winkels HKB wie 3 zu 2 verhalten, wenn das Brechungsverhältniss des Glases angenommen wird; oder auch, der Sinus des Winkels KGL muss zu dem Sinus des Winkels GKQ in demselben Verhältnisse stehen, wenn man KG, GL, KQ mit Rücksicht auf ihre Kleinheit als gerade Linien ansieht. Diese Sinus sind aber die Linien KL und GQ, wenn man GK zum [112] Radius des Kreises wählt. Es muss sich also LK zu GQ und aus demselben Grunde MG zu CR, NC zu FS, OF zu DT wie 3 zu 2 verhalten. Es verhält sich also auch die Summe aller Vorderglieder zur Summe aller Hinterglieder wie 3 zu 2. Verlängert man nun den Bogen DO bis zum Schnittpunkt mit AK in X, so ist KX die Summe der Vorderglieder; und verlängert man den Bogen KQ bis zum Durchschnitt mit AD in Y, so ist DY die Summe der

Hinterglieder. Es muss sich also KX zu DY wie 3 zu 2 verhalten. Hieraus ergiebt sich, dass die Curve KDE von solcher Beschaffenheit ist, dass, wenn man von irgend einem auf ihr angenommenen Punkte, wie etwa K, die Geraden KA, KB gezogen hat, der Ueberschuss von AK über AD sich zu dem Ueberschuss von DB über KB wie 3 zu 2 verhält. Denn man kann, wenn man auf der Curve irgend einen anderen Punkt, wie etwa G, annimmt, ebenso beweisen, dass der Ueberschuss von AG über AD, nämlich VG, zu dem Ueberschuss von BD über BG, nämlich DP, in dem nämlichen Verhältniss von 3 zu 2 steht. Auf Grund dieser Eigenschaft hat *Descartes* diese Curven in seiner Geometrie construirt und mit Leichtigkeit erkannt, dass diese Curven für den Fall paralleler Strahlen Hyperbeln und Ellipsen werden.

[113] Kehren wir jetzt zu unserem Verfahren zurück und sehen wir, wie es ohne Mühe zur Bestimmung derjenigen Curven führt, von welchen eine Seite des Glases begrenzt sein muss, wenn die andere eine gegebene Form und zwar nicht nur eine ebene oder kugelförmige oder eine durch irgend einen der Kegelschnitte gebildete (mit dieser Beschränkung nämlich hat *Descartes* diese Aufgabe gestellt, deren Lösung er übrigens den Späteren überliess), sondern allgemein eine beliebige Form besitzt; d. h. dieselbe soll durch die Umdrehung irgend einer gegebenen Curve erzeugt sein, von der nur vorausgesetzt wird, dass man gerade Berührungslinien an sie zu ziehen versteht.

Die gegebene Form sei durch die Umdrehung irgend einer solchen Curve AK um die Achse AV erzeugt, und mögen auf diese Seite des Glases Strahlen treffen, welche von dem Punkte L herkommen. Ferner sei die Dicke AB in der Mitte des Glases und der Punkt F gegeben, in welchem sämmtliche Strahlen vollkommen vereinigt werden sollen, wie auch immer die erste an der Fläche AK bewirkte Brechung beschaffen sein mag.

Ich sage nun, dass zu diesem Zwecke die Linie BDK, durch welche die andere Fläche erzeugt wird, nur so beschaffen sein muss, dass der Weg des Lichtes von dem Punkte L bis zur Fläche AK und von dort bis zur Fläche BDK und von dort bis zum Punkte F stets überall in gleichen Zeiträumen zurückgelegt werde, und dass jeder gleich der Zeit sei, welche das Licht zum Durchlaufen der Geraden LF gebrauchte, von der das Stück AB in dem Glase liegt.

Sei LG ein auf den Bogen AK fallender Strahl. Den

zugehörigen gebrochenen Strahl erhält man mittelst der Tangente, welche man im Punkte G zieht. Man muss nunmehr den Punkt D so auf GV bestimmen, dass FD und $\frac{3}{2}DG$ und die Gerade GL gleich der Geraden FB und $\frac{3}{2}BA$ und der Geraden AL sind, deren Länge offenbar gegeben ist. Oder auch, nimmt man auf beiden Seiten die ebenfalls gegebene Strecke LG weg, so braucht man die Linie FD nach der Geraden VG blos so zu ziehen, dass FD und $\frac{3}{2}DG$ einer gegebenen Strecke gleich sind. Dies ist eine sehr leichte Aufgabe der ebenen Geometrie. Der Punkt D ist dann einer derjenigen Punkte, durch welche die Curve BDK hindurchgehen muss. Hat man ebenso einen anderen Strahl LM gezogen und dessen gebrochenen Strahl MO bestimmt, [**114**] so findet man auf dieser Linie den Punkt N, und auf dieselbe Weise so viele Punkte, als man will.

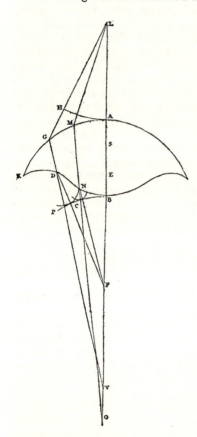

Um die Wirkung dieser Curve nachzuweisen, werde um L als Mittelpunkt der Kreisbogen AH beschrieben, der LG in H schneidet, und um F als Mittelpunkt der Bogen BP; ferner werde auf AB die Strecke AS gleich $\frac{2}{3}HG$ und SE gleich GD genommen. Betrachtet man nun AH als eine von dem Punkte L ausgegangene Lichtwelle, so wird ihre Stelle A in der Zeit, in welcher ihre Stelle H in G angelangt ist, in dem durchsichtigen Körper offenbar nur um AS vorgerückt sein; denn ich nehme wie oben das Brechungsverhältniss wie 3 zu 2 an. Wir wissen nun, dass der Wellenpunkt, welcher nach G gelangt ist, von dort längs der Linie GD vorrückt, weil GV [115] die Brechungsrichtung für den Strahl LG ist. In derselben Zeit also, in welcher dieser Wellenpunkt von G nach D gelangt ist, ist der andere, der sich in S befand, in E angekommen, da GD, SE einander gleich sind. Während aber dieser von E nach B vorrückt, wird der Wellentheil, welcher in D war, in der Luft seine Einzelwelle erzeugt haben, deren Halbmesser DC (C als Schnittpunkt dieser Welle mit der Geraden DF angenommen) $\frac{3}{2} EB$ ist, weil die Lichtgeschwindigkeit ausserhalb des durchsichtigen Körpers zu derjenigen innerhalb sich verhält wie 3 zu 2. Es lässt sich nun leicht zeigen, dass diese Welle den Bogen BP in diesem Punkte C berührt. Denn da nach der Construction

$$FD + \tfrac{3}{2} DG + GL \text{ gleich } FB + \tfrac{3}{2} BA + AL$$

ist, so bleibt, wenn man die gleichen Strecken LH, LA abzieht,

$$FD + \tfrac{3}{2} DG + GH \text{ gleich } FB + \tfrac{3}{2} BA$$

übrig. Und zieht man wieder auf der einen Seite GH und auf der anderen Seite $\tfrac{3}{2} AS$ ab, welche gleich sind, so bleibt

$$FD + \tfrac{3}{2} DG \text{ gleich } FB + \tfrac{3}{2} BS$$

übrig; es ist aber $\tfrac{3}{2} DG$ gleich $\tfrac{3}{2} ES$; folglich ist FD gleich $FB + \tfrac{3}{2} BE$. Nun war aber DC gleich $\tfrac{3}{2} EB$; zieht man daher diese einander gleichen Strecken beiderseits ab, so bleibt CF gleich FB. Es leuchtet also ein, dass die Welle, deren Halbmesser DC ist, den Bogen BP in demselben Augenblick berührt, in welchem das von dem Punkte L ausgesandte Licht durch die Gerade LB nach B gelangt ist. Man kann ebenso beweisen, dass in dem nämlichen Augenblick das durch jeden anderen Strahl, wie LM, MN, fortgepflanzte Licht seine Bewegung so ausgebreitet hat, dass dieselbe von dem Bogen BP begrenzt wird. Hieraus folgt, wie schon öfter, dass die Fortsetzung der Welle AH, nachdem sie die Glasschicht durchlaufen hat, die Kugelwelle BP ist, von welcher aus alle Stellen der Welle durch gerade Linien, welche eben die Lichtstrahlen sind, nach dem Mittelpunkte F vorrücken müssen. Dies war zu beweisen. Auf dieselbe Weise kann man diese krummen Linien in allen denkbaren Fällen bestimmen, wie man aus einem oder zwei anzuführenden Beispielen deutlich genug erkennen wird.

Die Oberfläche AK des Glases, welche durch die Umdrehung

der krummen oder geraden Linie AK um die Achse BA erzeugt wird, sei gegeben, und ausserdem auf der Achse der Punkt L und die Dicke des Glases BA; [116] gesucht werde die andere Fläche KDB, welche die parallel zu BA einfallenden Strahlen so ablenkt, dass dieselben nach abermaliger Brechung an der gegebenen Fläche AK sich sämmtlich in dem Punkte L vereinigen.

Von dem Punkte L werde nach irgend einem Punkte der gegebenen Linie AK die Gerade LG gezogen; sieht man dieselbe als einen Lichtstrahl an, so wird der zugehörige gebrochene Strahl GD in seiner Verlängerung die Gerade BL auf der einen oder der anderen Seite schneiden, etwa in V. Sodann werde auf AB die Senkrechte BC errichtet, welche eine von dem unendlich entfernten Punkte F kommende Lichtwelle darstellt, weil wir parallele Strahlen vorausgesetzt haben. Alle Theile dieser Welle BC müssen also gleichzeitig in dem Punkte L ankommen; oder auch, es müssen alle Theile einer von dem Punkte L ausgegangenen Welle gleichzeitig in der Geraden BC ankommen. Zu diesem Zwecke muss man den Punkt D auf der Linie VGD so bestimmen, dass, wenn man DC parallel zu AB gezogen hat, die Summe von CD und $\frac{3}{2}DG$ und GL gleich $\frac{3}{2}AB$ und AL ist;

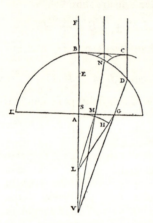

oder auch, es muss, wenn man auf beiden Seiten die gegebene Strecke GL abzieht, CD und $\frac{3}{2}DG$ gleich einer gegebenen Linie sein. Diese Aufgabe ist noch leichter als die der vorhergehenden Construction. Der so gefundene Punkt D ist einer derjenigen, durch welche die Curve hindurchgehen muss. Der Beweis [117] hierfür ist derselbe wie vorher; man hat nämlich zu beweisen, dass die von dem Punkte L ausgehenden Wellen, nachdem sie das Glas $KAKB$ durchlaufen haben, die Gestalt gerader Linien, wie BC, annehmen; mit anderen Worten heisst dies, dass die Strahlen parallel werden. Hieraus folgt umgekehrt, dass die parallel auf die Fläche KDB fallenden Strahlen in dem Punkte L gesammelt werden.

Es sei ferner die Fläche AK, welche durch die Umdrehung

um die Achse AB entsteht, beliebig gegeben und die Dicke AB des Glases in seiner Mitte; ausserdem sei auf der Achse hinter dem Glase der Punkt L gegeben, nach welchem, wie wir annehmen, die auf die Fläche AK einfallenden Strahlen hinzielen; man soll nun die Fläche BD finden, welche die Strahlen beim Austritt aus dem Glase so ablenkt, als ob sie von dem vor dem Glase liegenden Punkte F kämen.

Hat man auf der Linie AK einen beliebigen Punkt G angenommen und zieht man die Gerade IGL, so stellt ihr Theil GI einen der einfallenden Strahlen dar, zu welchem der gebrochene Strahl GV sich bestimmen lässt; auf letzterem muss man den Punkt D suchen, der zu den Punkten der Curve DB gehört. Nehmen wir an, er sei gefunden, und beschreiben um L als Mittelpunkt den Kreisbogen GT, so schneidet dieser die Gerade AB in T in dem Falle, dass LG grösser ist als LA; denn anderen Falles muss man um denselben Mittelpunkt den Bogen AH beschreiben, der die Gerade LG in H schneidet. Jener Bogen GT (oder im anderen Falle AH) stellt eine einfallende Lichtwelle dar, deren Strahlen nach L hinzielen. Ebenso werde um F als Mittelpunkt der Kreisbogen DQ beschrieben, welcher eine von dem Punkte F ausgehende Welle darstellt.

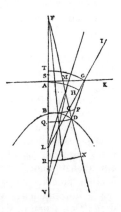

[118] Die Welle TG muss also, nachdem sie das Glas durchlaufen hat, die Welle QD bilden; hieraus ist ersichtlich, dass die Zeit, welche das Licht zum Durchlaufen der Strecke GD im Glase braucht, gleich der für die drei Strecken TA, AB und BQ erforderlichen Zeit sein muss, unter denen allein AB ebenfalls innerhalb des Glases liegt. Oder auch, wenn man AS gleich $\frac{2}{3}AT$ gemacht hat, so muss, wie man sieht, $\frac{3}{2}GD$ gleich $\frac{3}{2}SB$ und BQ sein, und, wenn man diese beiden Strecken bezüglich von FD und FQ abzieht,

$$FD - \tfrac{3}{2}GD \text{ gleich } FB - \tfrac{3}{2}SB$$

sein. Die letzte dieser Differenzen ist nun eine gegebene Länge; man braucht daher die Gerade FD von dem gegebenen Punkte F aus nur so auf VG zu ziehen, dass dies der Fall ist. Diese Aufgabe ist ganz ähnlich derjenigen, welche bei der ersten dieser

Constructionen vorkam, wo $FD + \frac{3}{2} GD$ einer gegebenen
Strecke gleich sein musste.

Bei dem Beweise hat man darauf zu achten, dass man, da
der Bogen BC in das Innere des Glases fällt, einen zu ihm concentrischen, jenseits von QD liegenden Bogen RX sich denken
muss; hat man alsdann gezeigt, dass die Stelle G der Welle
GT in derselben Zeit in D anlangt, wie die Stelle T in Q, was
sich leicht aus der Construction ergiebt, so folgt daraus sofort,
dass die von dem Punkte D erzeugte Einzelwelle den Bogen
RX in dem Augenblicke berührt, in welchem der Wellenpunkt
Q in R angekommen ist, und dass demnach dieser Bogen in
demselben Augenblicke die von der Welle TG ausgehende
Bewegung begrenzt. Hieraus ergiebt sich dann das Uebrige.

Nachdem die Ermittelung der Curven, welche die vollkommene Vereinigung der Lichtstrahlen bewirken, dargelegt
ist, bleibt noch die Erklärung eines bemerkenswerthen [119]
Umstandes übrig, nämlich der ungeordneten Brechung der
kugelförmigen, ebenen und anderer Flächen; die Unkenntniss
desselben könnte einigen Zweifel gegen unsern wiederholt ausgesprochenen Satz erregen, dass die Lichtstrahlen gerade Linien
sind, welche die sich in ihnen fortpflanzenden Wellen rechtwinkelig schneiden. Die Strahlen, welche z. B. parallel auf eine
Kugelfläche AFE fallen, schneiden sich nämlich nach ihrer
Brechung in verschiedenen Punkten, wie die folgende Figur
zeigt. Wie werden nun die Lichtwellen, welche von den convergirenden Strahlen rechtwinklig geschnitten werden sollen, in
dem durchsichtigen Körper beschaffen sein? Denn kugelförmig
können sie nicht sein. Und was wird aus diesen Wellen, nachdem jene Strahlen angefangen haben sich gegenseitig zu schneiden? Bei der Lösung dieser Schwierigkeit erkennt man, dass
ein höchst bemerkenswerther Vorgang eintritt, und dass die
Wellen niemals zu bestehen aufhören, obwohl sie nicht ungetheilt durchgehen, wie durch die weniger einfachen Gläser,
deren Construction wir soeben gezeigt haben.

[120] Nach der obigen Darlegung stellt die Gerade AD,
welche vom Scheitel der Kugel aus senkrecht auf ihre Achse,
mit welcher die einfallenden Lichtstrahlen parallel sind, gezogen
wird, die Lichtwelle dar; und in der Zeit, in welcher ihre Stelle
D an der Kugelfläche AGE in E angelangt ist, werden ihre
übrigen Theile diese Fläche in F, G, H u. s. w. getroffen, und
ausserdem kugelförmige Einzelwellen um diese Punkte als
Mittelpunkte gebildet haben. Die Fläche EK, welche von allen

diesen Wellen berührt wird, bildet alsdann die Fortsetzung der Welle AD innerhalb der Kugel in dem Augenblicke, in welchem die Stelle D in E angekommen ist. Nun ist aber die Linie EK
kein Kreisbogen, sondern eine krumme Linie, die durch die Abwickelung einer anderen Curve ENC entsteht, welche alle Strahlen HL, GM, FO u. s. w. berührt, die als gebrochene den einfallenden parallelen Strahlen zugehören; denkt man sich nämlich auf die convexe Seite von ENC einen Faden gelegt, so beschreibt derselbe beim Abwickeln mit dem Endpunkte E jene Curve EK. Denn unter der Voraussetzung, dass diese Curve so beschrieben wird, können wir beweisen, dass sie von allen jenen um die Mittelpunkte F, G, H u. s. w. gebildeten Wellen berührt wird.

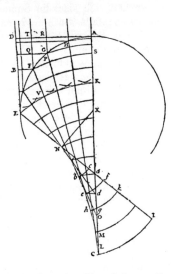

Offenbar schneidet die Curve EK sowie alle übrigen, die durch die Abwickelung der Curve ENC mit verschiedenen Längen des Fadens entstehen, alle Strahlen HL, GM, FO u. s. w. unter rechten Winkeln, und so, dass ihre zwischen zwei solchen Curven gelegenen Theile sämmtlich einander gleich sind; denn dies folgt aus dem, was in meiner Abhandlung »de Motu Pendulorum« bewiesen worden ist.[12]) Denkt man sich nun die einfallenden Strahlen unendlich nahe bei einander, und betrachtet zwei von ihnen, etwa RG, TF, zieht ferner GQ senkrecht auf RG, und beschreibt die Curve FS, die GM in P schneidet, durch Abwickelung der Curve NC von dem Punkte F angefangen bis zu dem Punkte, bis zu welchem der Faden reicht; so kann man das Stückchen FP derselben als eine auf dem Strahle GM senkrecht stehende Gerade und ebenso den Bogen GF als eine gerade Linie ansehen. Da jedoch GM der zu RG gehörige gebrochene Strahl ist, und FP auf ihm senkrecht steht, so muss das Verhältniss von QF zu GP gleich 3 zu 2, d. h. [121] gleich dem Brechungsverhältniss sein, wie oben bei der Erklärung des Verfahrens *Descartes'* gezeigt worden ist.

Ebendasselbe gilt für alle kleinen Bogen GH, HA u. s. w.;
d. h. es verhält sich in den Vierecken, zu welchen sie gehören,
die zur Achse parallele Seite zu ihrer Gegenseite wie 3 zu 2.
Es verhält sich also die Summe der einen zu der Summe der
andern ebenfalls wie 3 zu 2, nämlich TF zu AS, und DE zu
AK, und BE zu SK oder FV, vorausgesetzt, dass V der
Durchschnittspunkt der Curve EK und des Strahles FO
ist. Wenn man aber FB senkrecht auf DE fällt, so verhält
sich BE zu dem Halbmesser der Kugelwelle, welche von dem
Punkte F während der Zeit gebildet wird, in welcher das Licht
ausserhalb des durchsichtigen Körpers die Strecke BE durchlaufen hat, ebenfalls wie 3 zu 2; diese Welle schneidet also
offenbar den Strahl FN in demselben Punkte V, in welchem er
von der Curve EK rechtwinklig geschnitten wird, und berührt
demnach diese Curve. Auf dieselbe Weise lässt sich beweisen,
dass dies für alle übrigen Wellen gilt, welche von den Punkten
G, H u. s. w. ausgegangen sind; d. h. sie berühren die Curve
EK in dem Augenblicke, in [122] welchem der Punkt D der
Welle ED nach E gelangt ist.

Ich will nun angeben, was aus diesen Wellen wird, sobald
die Strahlen anfangen sich zu kreuzen: sie biegen sich von da
an zurück und bestehen aus zwei aneinander stossenden Stücken,
von denen das eine durch die Abwickelung der Curve ENC in
dem einen Sinne, das andere dagegen durch die Abwickelung
derselben Curve im entgegengesetzten Sinne gebildet wird. Die
Welle KE geht nämlich beim Vorrücken nach der Vereinigungs-
stelle in abc über, wobei der Theil ab sich durch die Abwickelung von bC, eines Stückes der Curve ENC, bildet, während
das Ende C des Fadens fest bleibt, und der Theil bc durch die
Abwickelung des Stückes bE, während das Ende E fest bleibt.
Hierauf geht dieselbe Welle in def über, sodann in ghk und
schliesslich in CI; von hier aus breitet sie sich dann aber ohne
irgend eine Zurückbiegung aus, aber immer durch krumme
Linien, welche durch die Abwickelung der Curve ENC entstehen, die von C ab um eine beliebige gerade Linie verlängert
zu denken ist.

Es giebt übrigens bei dieser Curve noch einen geraden Theil
EN, wenn N der Fusspunkt des von dem Kugelmittelpunkte
X auf den zu DE gehörigen gebrochenen Strahl gefällten
Lothes ist, wobei angenommen wird, dass der Strahl DE die
Kugel berühre. Von diesem Punkte N beginnt die Zurückbiegung der Lichtwellen und reicht bis zum Endpunkte C der

Curve; man findet diesen Punkt, wenn man bewirkt, dass das
Verhältniss von AC zu CX gleich dem Brechungsverhältnisse,
also hier gleich 3 zu 2 ist.

Man findet auch beliebig viele andere Punkte der Curve NC
mittelst eines Lehrsatzes, welchen *Barrow* in der 12. seiner
optischen Lectionen, freilich in einer anderen Absicht, bewiesen
hat. Es ist auch noch zu bemerken, dass man eine dieser Curve
gleiche gerade Linie angeben kann. Denn da sie zusammen mit
der Geraden NE gleich der Geraden CK ist, die bekannt ist,
weil das Verhältniss von DE zu AK gleich dem Brechungsverhältniss ist: so ist klar, dass, wenn man EN von CK abzieht, der Rest gleich der Curve NC ist.

Man findet ebenfalls solche zurückgebogene Wellen bei der
Reflexion [123] an einem kugelförmigen Hohlspiegel. Sei ABC
der Schnitt durch die Achse einer hohlen Halbkugel, deren
Mittelpunkt D und deren Achse DB ist, mit welcher die einfallenden Lichtstrahlen parallel
laufen. Alle an dem Viertelkreis
AB zurückgeworfenen Strahlen
berühren alsdann eine Curve
AFE, deren Endpunkt E in
dem Brennpunkte der Halbkugel
liegt, d. h. in demjenigen Punkte,
welcher den Halbmesser BD
in zwei gleiche Theile theilt. Die
Punkte, durch welche diese
Curve hindurchgehen muss,

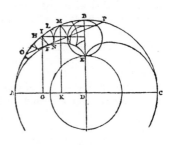

findet man, wenn man von A aus irgend einen Bogen AO ab-
schneidet und den Bogen OP doppelt so gross als ihn nimmt;
theilt man dann die Sehne des letzteren in F so, dass das Stück
FP das dreifache von FO ist, so ist F einer der gesuchten
Punkte.

Da die parallelen Strahlen nichts anderes sind als die Lothe
der auf die concave Fläche treffenden Wellen, welche zu AD
parallel sind, so ergiebt sich, dass diese Wellen in dem Maasse,
als sie zur Fläche AB gelangen, bei der Reflexion zurückgebogene Wellen bilden, welche aus zwei krummen Linien zusammengesetzt sind, die durch zwei entgegengesetzte Abwicke-
lungen der Theile der Curve AFE entstehen. Stellt demgemäss
AD eine einfallende Welle vor, und hat ihr Stück AG die
Fläche AI erreicht, d. h. ist die Stelle G nach I gelangt, so
bilden die Curven HF, FI, welche dadurch entstehen, dass

man die Curven FA, FE alle beide von F angefangen abwickelt, zusammen die Fortsetzung des Wellentheils AG, und kurz darauf, wenn das Stück AK bis zur Fläche AM und [**124**] also der Punkt K nach M vorgerückt ist, bilden die Curven LN, NM zusammen die Fortsetzung dieses Wellentheiles. In dieser Weise rückt die zurückgebogene Welle stetig vor, bis ihre Spitze N in dem Brennpunkt E angekommen ist. Die Curve AFE erblickt man in dem Rauche oder in dem umherfliegenden Staub, wenn man einen Hohlspiegel der Sonne entgegen richtet. Es bleibt noch zu bemerken, dass sie dieselbe Curve ist, welche der Punkt E des Umfangs des Kreises EB beschreibt, wenn man diesen Kreis auf einem anderen Kreise rollen lässt, dessen Halbmesser ED und dessen Mittelpunkt D ist. Sie ist also eine Art Cykloide, deren Punkte sich indessen geometrisch bestimmen lassen.

Ihre Länge beträgt genau drei Viertel des Kugeldurchmessers; dies wird fast ebenso wie das Maass der vorhergehenden Curve mittelst der Lichtwellen gefunden und bewiesen, obschon es sich noch auf andere Arten nachweisen lassen würde, die ich aber als ausserhalb der Grenzen unseres Gegenstandes liegend hier übergehe. Der Flächenraum $AOBEFA$, der von dem vierten Theile des Kreisumfanges, von der Geraden BE und der Curve EFA begrenzt wird, ist gleich dem vierten Theil des Kreisquadranten DAB.

Ende.

Anmerkungen.

Christian Huyghens, richtiger Huygens, lat. Hugenius, wurde am 14. April 1629 im Haag geboren. Sein Vater *Constantin Huyghens*, Herr von Zuilichem, Zelhem und in Monikenlandt, bekleidete fünfzig Jahre lang die Stelle eines Geheimschreibers nacheinander bei drei Prinzen von Oranien, und hat sich als Dichter in holländischer und lateinischer Sprache ausgezeichnet. Seine Mutter war Susanna van Baerle. Unter der Leitung seines Vaters in den classischen Sprachen, in Musik, Geographie und namentlich Mathematik, für welche er schon als neunjähriger Knabe grosse Neigung zeigte, vorzüglich vorgebildet, begann der ungewöhnlich begabte sechzehnjährige Jüngling auf der Universität Leiden das Studium der Rechte, welches er in den folgenden Jahren auf der Akademie in Breda fortsetzte. Nach dem Haag zurückgekehrt, begleitete er 1649 den Grafen Heinrich von Nassau nach Holstein und Dänemark, wobei seine sehnliche Hoffnung, den am Hofe der Königin Christine von Schweden weilenden *Descartes* kennen zu lernen, nicht in Erfüllung ging, da die Sendung des Grafen unerwartet rasch beendigt war. Seiner Vorliebe für mathematische Studien folgend, hatte er nämlich in Leiden (1645) neben juristischen auch die Vorträge von *Frans van Schooten* (Schotenius) gehört, welcher die mathematischen Schriften *Descartes'* erklärte, und legte bereits in dieser frühen Jugend so tüchtige Proben seiner Begabung für dieses Fach ab, dass er sich schon damals den wohlverdienten Ruf eines bedeutenden Mathematikers erwarb. Insbesondere erregte des Zweiundzwanzigjährigen Abhandlung: »Theoremata de quadratura hyperboles, ellipsis et circuli, ex dato portionum gravitatis centro« (Hag. 1651) die Bewunderung der mathematischen Zeitgenossen. Dieser Schrift folgten bald noch mehrere mathematischen und dioptrischen Inhalts. Im Jahre 1655 erwarb er zu Anjou den juristischen Doctorgrad. In der Abhandlung »De ratiociniis in ludo aleae« gab er die erste wissenschaftliche Grundlage zur Wahrscheinlichkeitsrechnung. Mit Hilfe der ausgezeichneten Fernrohre, welche er im Verein mit seinem Bruder Constantin construirte, entdeckte er zuerst einen (den sechsten, Titan) der Monde des Saturn (De Saturni luna observatio nova, Hag. 1656); die übrigen sieben weniger hellen wurden erst später aufgefunden (vier von *Cassini* 1671—1684, zwei von *Herschel* 1789, einer von *Bond* und *Lassell* 1848). *Huyghens* war es auch, der als wahre Ursache der damals noch räthselhaften sogenannten »Henkel« des Saturn einen um den Planeten frei schwebenden Ring zuerst erkannte; seine Entdeckungen am Saturn legte er in dem wichtigen Werke: »Systema Saturnium, sive de causis mirandorum Saturni phenomenon, et comite ejus planeta novo (Hag. 1659)« nieder. Auch später, insbesondere in den Jahren 1681—87, beschäftigte er sich unter Beihilfe seines Bruders noch eifrig mit der Verbesserung der Fernrohre, und brachte solche von ungewöhnlicher Länge (170 und 210 Fuss) zu Stande, welche jedoch wegen der Schwierigkeit, so übermässig lange Röhren gehörig zu bewegen, als sogenannte »Luftfernrohre« ausgeführt wurden. Seine Erfindung der Pendeluhren fällt an das Ende des Jahres 1656, sein darauf genommenes Patent datirt vom 16. Juni 1657; er beschrieb sie in einer kleinen den General-Staaten von Holland gewidmeten Schrift »Horologium« von wenigen Seiten, welcher das bedeutende Werk »Horologium oscillatorium« (Paris, 1673) erst viel später nachfolgte; in letzterem ist die Lehre vom Pendel und seinen Anwendungen vollständig entwickelt. Auch die Spiralfeder an der Unruhe der Taschenuhren wurde von *Huyghens* eingeführt. Nach mehreren in den Jahren 1660—63 nach Frankreich und England, wo er zum Mitglied der Londoner königlichen Gesellschaft ernannt wurde, unternommenen Reisen wurde er 1665 von *Colbert*, dem grossen Minister Ludwigs XIV., als Mitglied der neugegründeten Akademie der Wissenschaften nach Paris berufen, mit einem reichlichen Jahresgehalt und freier Wohnung in der königlichen Bibliothek. Hier lebte *Huyghens*, in ernster Zurückgezogenheit erfolgreicher wissenschaftlicher Arbeit hingegeben, von 1666 bis 1681, kehrte aber nach der Aufhebung des Edikts von Nantes unter Verzicht auf seinen Gehalt in seine Vaterstadt zurück, auch hier unablässig bis an sein Lebensende mit physikalischen und mathematischen Untersuchungen beschäftigt, welche nur 1689 durch einen dritten Besuch in England eine kurze Unterbrechung erlitten. Im Jahre 1690 gab er noch in einem Bande vereint zwei Schriften heraus, den »Traité de la Lumière« und den »Discours de la cause de la Pesanteur«, welche er schon während seines Aufenthaltes in Paris (1678) verfasst hatte. Sein geistvolles, seinem

Bruder Constantin, damals Cabinetssecretär des Königs Wilhelm III. von Grossbritannien, gewidmetes Werk über die Mehrheit der Welten: »Kosmotheoros, sive de terris coelestibus, earumque ornatu, conjecturae (Hagae 1698)« war unter der Presse, als ihn der Tod am 8. Juni 1695 abrief. *Huyghens* war, wie seine grossen Zeitgenossen *Newton* und *Leibnitz*, niemals verheirathet.

Den herrlichsten Zweig in dem reichen wissenschaftlichen Ruhmeskranze unseres *Huyghens* bildet unstreitig die »Abhandlung über das Licht«, welche hier zum ersten Male in deutscher Sprache vorliegt. Diese Schrift allein würde ihrem Urheber seinen Platz unter den Physikern ersten Ranges für alle Zeiten gesichert haben, auch wenn nichts weiter von ihm bekannt geworden wäre. In ihr hat der scharfsinnige Forscher den festen Grund gelegt zu der Wellentheorie des Lichts. Länger als ein Jahrhundert sollte es dauern, bis diese Theorie, deren eigentlicher Schöpfer *Huyghens* ist, im Kampfe mit der von *Newton*'s Anhängern vertretenen Corpusculartheorie den Sieg errang und zu unbedingter Herrschaft gelangte. Drei Generationen von Physikern, befangen in den Lehren ihres Meisters, hielten die Lösung so vieler Räthsel in ihrer Hand, ohne sie zu verstehen, oder ohne sie auch nur der Beachtung zu würdigen. Und doch ist *Huyghens*' Gedankengang so einfach, die Begründung seiner Theorie so klar und durchsichtig. Nachdem er im Eingange (I. Kap.) unter Berufung auf die Analogie mit dem Schall das Licht als Wellenbewegung erklärt, und gestützt auf die von *Römer* beobachtete Verzögerung der Verfinsterung des ersten Jupitermondes gezeigt hat, dass das Licht zu seiner Fortpflanzung Zeit braucht, entwickelt er das nach ihm benannte Princip des Zusammenwirkens der Einzelwellen, welches das wahre Wesen der Wellenbewegung ausdrückt, und zur Erklärung aller, auch der verwickeltsten, Lichterscheinungen den unentbehrlichen Schlüssel bildet. Als Mittel, in welchem die Lichtwellen sich ausbreiten, wird der Aether angenommen, eine aus ausserordentlich feinen elastischen Theilchen bestehende Materie, in welcher die Körpertheilchen »schwimmen«, und welche durch deren relativ grosse Zwischenräume frei hindurchgeht. Nachdem er aus seinem Principe das Reflexionsgesetz (II. Kap.) abgeleitet, geht er über zur Fortpflanzung des Lichts in durchsichtigen Körpern, und zeigt, dass unter der Annahme, das Licht pflanze sich in den Körpern langsamer fort, als im freien Aether, die Brechung nach dem bekannten Sinusgesetz erfolgen müsse (III. Kap.). Dabei findet er keine Schwierigkeit, die Durchsichtigkeit der Körper zu begreifen; die Lichtwellen pflanzen sich fort in dem die Körpertheilchen umfliessenden Aether, und es wird durch letztere nur die Geschwindigkeit ihres Fortschreitens gehemmt. Die Erklärung der Undurchsichtigkeit dagegen bietet ihm Schwierigkeiten dar. Denn da auch bei den undurchsichtigsten Körpern, den Metallen, die Zwischenräume ihrer Theilchen mit Aether erfüllt anzunehmen sind, so müssten sich durch sie die Lichtwellen ebensogut fortpflanzen, wie durch Glas oder Wasser. *Huyghens* nimmt seine Zuflucht zu der Annahme, dass die undurchsichtigen Körper »weiche« Theilchen enthalten, welche, indem sie aus anderen kleineren Theilchen zusammengesetzt und daher fähig sind, ihre Gestalt zu ändern, die an ihnen ankommende Aetherbewegung aufnehmen und dadurch vernichten. Da jedoch, wenn ein Körper nur aus solchen weichen Theilchen bestände, nach seiner Meinung Reflexion nicht möglich wäre, die Metalle aber das Licht besonders stark zurückwerfen, so bleibt ihm zur Erklärung der Undurchsichtigkeit kein Ausweg als die Annahme, dass die Metalle aus harten und weichen Theilchen gemischt sind, so dass jene die Reflexion bewirken, diese die Durchsichtigkeit verhindern. Die Idee dieser »weichen« Theilchen stimmt, wie man sieht, im wesentlichen überein mit unserm heutigen Begriffe des »Moleküls«, das aus »Atomen« zusammengesetzt ist, welche einen Theil der Energie der Aetherbewegung in sich aufnehmen oder »absorbiren«. Aber auch wo wir den an verschiedenen Stellen des Werkchens wiederkehrenden Betrachtungen des Verfassers über die innere Constitution der Körper nicht beipflichten können, erregen sie doch immer unser lebhaftes Interesse. Besonders scharfsinnig ist die am Ende des V. Kapitels dargelegte Hypothese über den inneren Bau des Kalkspaths und die daraus abgeleitete Erklärung der Spaltbarkeit und der übrigen Cohäsionsverhältnisse dieses Krystalls. Uebrigens sind diese Speculationen über die Constitution der Körper für den Kern des Werkes nicht von wesentlicher Bedeutung; ihr Wegbleiben würde die zusammenhängende Kette zwingender Beweisführung nirgends unterbrechen. Das IV. Kapitel behandelt die atmosphärische (terrestrische) Strahlenbrechung, mit Ausschluss der Luftspiegelung; die Krümmung der Lichtstrahlen beim Durchgang durch Luft von stetig sich ändernder Dichte wird aus dem Principe der Einzelwellen in anschaulichster Weise hergeleitet. Den Glanz- und Mittelpunkt des ganzen Werkes aber bildet das V. Kapitel über die Doppelbrechung des isländischen Kalkspaths. Diese Untersuchung ist ein unübertroffenes Muster des Zusammenwirkens experimenteller Forschung und scharfsinniger Analyse. Ein so verwickeltes Gesetz wie dasjenige der ausserordentlichen Brechung durch blosse Messungen aufzufinden, ist wohl ein Ding der Unmöglichkeit. Auch hier war für *Huyghens* sein Princip der Elementarwellen der Leitstern, der ihn zur Entdeckung des Gesetzes führte. Er versäumte aber nicht, alle Umstände durch Messungen genau zu belegen. Das Studium seiner meisterhaften Darstellung wird auch heute noch den Anfänger mit den Gesetzen der Doppelbrechung inniger vertraut machen, als die Darstellungen in den modernen Lehrbüchern es vermögen. Am Kalkspath machte *Huyghens* auch die wichtige Entdeckung der Polarisation des Lichtes durch Doppelbrechung (S. 79). Er erkannte, dass die Lichtwellen beim Durchgang durch einen ersten Kalkspathkrystall »eine gewisse Gestalt oder Anordnung« erlangen, vermöge welcher sie sich je nach der Stellung, in welcher sie auf einen zweiten Kalkspath treffen, anders verhalten. Wie dies aber geschieht, dafür findet er keine ihn befriedigende Erklärung, und überlässt die weitere Untersuchung seinen Nachfolgern. Ueber 130 Jahre blieb die merkwürdige Erscheinung als vereinzelte Sonderbarkeit wenig beachtet, bis *Malus* 1810 entdeckte, dass das unter einem gewissen Winkel an Glas zurückgeworfene Licht dieselbe Eigenschaft besass, welche *Huyghens* an dem durch einen Kalkspath gegangenen Lichte wahrgenommen hatte, und dieser Eigenschaft den aus den Vorstellungen der Corpusculartheorie geschöpften wenig passenden Namen »Polarisation« gab. Erst nach dem völligen Siege der Undulationstheorie wurde die Polarisation von *Young* und *Fresnel* durch die Annahme transversaler Schwingungen erklärt. Dass diese Erklärung dem Scharfsinne unseres *Huyghens* entging, hat seinen Grund vielleicht darin, dass er seine Wellen überall als Fortpflanzung augenblicklicher Impulse (vergl. S. 21) auffasst, welchen er absichtlich, um die Allgemeinheit seiner Betrachtungen zu wahren, eine besondere, etwa periodische, Form der Bewegung oder eine bestimmte Orientirung in Bezug auf die Fortpflanzungsrichtung nicht zuschreiben will, oder auch darin, dass er stillschweigend, von der Analogie mit dem Schalle geleitet, die Lichtschwingungen als longitudinale sich denkt, wodurch eine Erklärung der Polarisation von vornherein ausgeschlossen ist. — Im VI. und letzten Kapitel werden die Gestalten bestimmt, welche man Glasstücken geben muss, damit sie die von einem Punkte aus auf sie treffenden Lichtstrahlen so ablenken, dass sie nach der Brechung wieder durch einen Punkt gehen. *Huyghens*, welcher eigenhändig so vortreffliche Fernrohrlinsen schliff, kannte sehr genau die technischen Schwierigkeiten, welche die Herstellung anderer als sphärischer Linsen so gut wie unmöglich machen, und spricht es auch aus, dass an eine praktische Anwendung dieser Linsenformen vorläufig nicht zu denken sei. Der Leser wird aber mit dem Verfasser gewiss die Befriedigung theilen, diese Formen aus dem *Huyghens'*-schen Princip in so einfacher und gefälliger Weise hergeleitet zu sehen.

Von den Farben ist in der ganzen Abhandlung nirgends die Rede. *Huyghens* war offenbar nicht darüber ins Klare gekommen, wie der Begriff der Farbe und der Vorgang der Dispersion aus der Undulationstheorie zu erklären sei; er zog es daher vor, diesen Gegenstand, statt anfechtbare Conjecturen aufzustellen, ganz mit Stillschweigen zu übergehen, und beschränkte sich darauf, die Grundlagen der Wellentheorie unerschütterlich festzulegen. Auch in dieser Beschränkung zeigt sich uns der Meister.

Zu S. 1. Der Titel des Originales lautet:

TRAITÉ
DE LA LVMIÈRE.

Où sont expliquées

Les causes de ce qui luy arrive

Dans la REFLEXION, & dans la

REFRACTION.

Et particulièrement

Dans l'étrange REFRACTION

DV CRISTAL D'ISLANDE.

Par C. H. D. Z.

Avec un Discours de la Cause

DE LA PESANTEVR.

A LEIDE,

Chez PIERRE van der Aa, Marchand Libraire.
MDCXC.

Ein unveränderter Abdruck des französischen Originals (sammt dem Discours de la Cause de la Pesanteur) wurde vor einigen Jahren (1885) mit einer lateinischen Vorrede von W. Burckhardt herausgegeben (Leipzig, Gressner & Schramm; ohne Datum).

Die vorliegende deutsche Uebersetzung des französischen Originals wurde von Herrn *Rudolf Mewes* besorgt.

1) Zu S. 3. In lateinischer Uebersetzung wurde die Abhandlung über das Licht (Tractatus de Lumine) sammt der Dissertatio de causa Gravitatis 38 Jahre nach dem Erscheinen des französischen Originals von *s'Gravesande* herausgegeben (Chr. Hugenii Opera reliqua, Amstelodami, apud Ianssonio-Waesbergios, 1728). Derselbe verdiente Gelehrte hatte schon vorher (1724) die Sammlung und Herausgabe der zerstreuten Abhandlungen *Huyghens'* unter dem Titel »Opera varia« (vier Theile, bei van der Aa in Leiden) besorgt. Darin finden sich die berühmten Schriften »Horologium oscillatorium« und »Systema Saturnium«. Die erwähnte Dioptrica findet sich in den schon 1700 von *Burcherus de Volder* und *Bernhard Fullenius* veröffentlichten Opera posthuma, welche ebenfalls von *s'Gravesande* 1728 von neuem herausgegeben wurden. Die Opera varia, Opera reliqua und Opera posthuma enthalten *Huyghens'* sämmtliche Schriften in lateinischer Sprache und in gleichmässiger äusserer Gestalt. Die in den Text gedruckten Holzschnitte der Originalabhandlungen sind in den *s'Gravesande'*schen Ausgaben durch gut ausgeführte Kupfertafeln ersetzt.

2) Zu S. 13. Da 1 Toise = 1,948 m ist, so wäre nach *Huyghens* die Fortpflanzungsgeschwindigkeit des Schalles 350 m.

3) Zu S. 15. Unter der Annahme, dass der Durchmesser der Erdbahn nur 22000 Erddurchmesser betrage, und von dem Licht in 22' durchlaufen werde, würde sich nach den obigen Zahlenangaben (1 Lieue = $4\frac{4}{9}$ km) die Fortpflanzungsgeschwindigkeit des Lichts zu 212222 km ergeben, und wenn man für den Durchmesser der Erdbahn den richtigen Werth von 24000 Erddurchmessern nimmt, 231513 km. Die Gesammtverspätung der Verfinsterung des Jupitermondes beträgt aber nicht 22', sondern nur 16' 36"; hiermit ergiebt sich die Lichtgeschwindigkeit 306827 km.

4) Zu S. 17. *Robert Boyle* (geb. 25. Jan. 1627, gest. 30. Dec. 1691), welcher mit einer von ihm 1659 construirten Luftpumpe zahlreiche Versuche anstellte und seine Entdeckungen rasch

veröffentlichte (New experiments, physico-mechanical, touching the spring of the Air and its effects, made in the most part in a new pneumatical engine; Oxford, 1660) galt bei seinen Zeitgenossen und insbesondere bei seinen Landsleuten vielfach als Erfinder der Luftpumpe, obgleich er selbst angiebt, dass er vor Ausführung seiner Maschine von der Erfindung (1650) *Otto von Guericke's* durch *Caspar Schott* (Mechanica hydraulico-pneumatica, Herbipoli 1657, worin *Guericke's* Luftpumpe zuerst beschrieben wurde) Kunde erhalten habe.

5) Zu S. 20. Die Gesetze des Stosses wurden von *Huyghens* dargelegt in der Abhandlung: Sur le mouvement, qui est produit par la rencontre des corps, Journ. d. savans, 1669, Mars; The laws of motion on the collision of bodies, Phil. Tr. 1669; De motu corporum ex percussione, Opera posthuma Tom. II., deutsch in Ostwald's Klass. Heft 138 herausg. v. Felix Hausdorff.

6) Zu S. 24. Jesuitenpater *Ignace Gaston Pardies*, geb. 1636 zu Pau, gest. 1673 zu Paris, war Professor der Mathematik zu Clermont, zuletzt Professor der Rhetorik am Collège Louis-le-Grand in Paris. Seine von *Huyghens* erwähnte Schrift über Erklärung der Spiegelung und Brechung des Lichts durch Wellenbewegung ist nicht auf uns gekommen.

7) Zu S. 25. *Huyghens* scheint die von *Grimaldi* (Physico-Mathesis de Lumine, Coloribus et Iride, Bononiae 1665) entdeckte Beugung des Lichts bei Abfassung seines Traité de la Lumière noch nicht gekannt zu haben.

8) Zu S. 32. Das Haften von luftfreiem Wasser in Glasröhren ist nicht durch äusseren Druck, sondern durch Adhäsion, also durch die Wirkung von Molecularkräften, zu erklären. Die Versuche sind beschrieben in »Hugenii Experimenta physica«, am Ende von Op. varia, Tom. IV.

9) Zu S. 49. *Erasmus Bartholinus* (geb. 13. Aug. 1625 zu Roeskilde, gest. 4. Nov. 1698 zu Kopenhagen), Experimenta crystalli islandici disdiaclastici quibus mira et insolita refractio detegitur, Havn. 1669.

10) Zu S. 56. *Huyghens* hat, wie man sieht, auch den Bergkrystall als doppelbrechend erkannt; es entging ihm aber, dass auch hier die eine Wellenschale ein Ellipsoid ist, oder der eine Strahl ungewöhnlich gebrochen wird.

11) Zu S. 81. »Il y a une espèce de petites pierres plattes, entassées directement les unes sur les autres, qui sont toutes de figure pentagone, avec les angles arrondis et les costez un peu pliez en dedans.« *Huyghens* meint mit diesen Steinchen offen-

bar die Stielglieder des fossilen Pentacrinus, welche er für mineralische Producte hält.

12) Zu S. 103. Die Abhandlung »de Motu Pendulorum« ist die berühmte Schrift über die Pendeluhr, deren vollständiger Titel lautet: »Horologium oscillatorium. Sive de motu pendulorum ad horologia aptato demonstrationes geometricae« (Paris, 1673. Op. varia Tom. I). Der dritte Abschnitt derselben handelt »de Evolutione et Dimensione linearum curvarum«.

E. Lommel.

OSTWALDS KLASSIKER
DER EXAKTEN WISSENSCHAFTEN

Band 144
J. KEPPLER
Dioptrik
oder Schilderung der Folgen, die sich aus der unlängst gemachten Erfindung der Fernrohre für das Sehen und die sichtbaren Gegenstände ergeben

Übers. und Hrsg.: F. Plehn
2. Auflage 1997, 114 Seiten, kt.,
ISBN 3-8171-3144-5

Anliegen Keplers war es mit dieser Arbeit, die Ergebnisse, die aus der Erfindung des Fernrohres resultierten, als neues Feld für die Mathematik zu eröffnen und auf geometrische Gesetze zurückzuführen.
Der Herausgeber des Bandes, F. Plehn, kommentiert Keplers Abhandlung wie folgt: „Im Besitz von keinerlei anderen Instrumenten als ein paar Linsen, hat er die Lehre von der Dioptrik und den wichtigsten optischen Instrumenten so vollständig geschaffen, daß er mit Recht der Vater der modernen Optik genannt werden darf."
Der Astronom, Mathematiker und Philosoph Johannes Kepler (1571 - 1630) gehört zu den bedeutendsten Naturwissenschaftlern des 17. Jahrhunderts. Er trug durch seine Entdeckung der kinematischen Bewegungsgesetze der Planeten zur Vervollkommnung der heliozentrischen Theorie von N. Copernicus bei und leistete bedeutende Beiträge zur Entwicklung der geometrischen Optik sowie zur Herausbildung der Infinitesimalrechnung.

OSTWALDS KLASSIKER
DER EXAKTEN WISSENSCHAFTEN

Band 161
CH. DOPPLER
Schriften aus der Frühzeit der Astrophysik

Hrsg.: H. A. Lorentz
2. Auflage 2000, 194 Seiten, kt.,
ISBN 3-8171-3161-5

Der Österreicher Christian Doppler (1803-1853) war von 1841 bis 1847 Professor für Mathematik an der ständisch-technischen Lehranstalt in Prag, später Professor für Mathematik, Physik und Mechanik in Schemnitz. Schließlich führte seine Gelehrtenlaufbahn ihn nach Wien, zunächst als Professor der praktischen Geometrie am polytechnischen Institut, dann auch als Profesor der Physik an der Universität.
Von Dopplers zahlreichen Abhandlungen, unter denen es mehrere mathematischen Inhalts gibt, sind vor allem die Arbeiten über Akustik und Optik von Interesse. Im Jahre 1842, sechs Jahre vor Fizeau, hat er als erster darauf hingewiesen, daß eine relative Bewegung des schwingenden Körpers und des Beobachters in der Richtung der Verbindungslinie die Tonhöhe des Schalles ändern und eine ähnliche Wirkung auch bei den Lichterscheinungen haben muß. Die unter dem Titel „Über das farbige Licht der Doppelsterne" publizierten Beobachtungen sind bis heute als „Doppler-Effekt" von wissenschaftlicher Bedeutung.

OSTWALDS KLASSIKER
DER EXAKTEN WISSENSCHAFTEN

Band 96
Sir I. Newton
Optik
*oder Abhandlung über Spiegelungen, Brechungen, Beugungen und Farben des Lichts
(Erstes bis drittes Buch)*

▶Reprint der Einzelbd. 96 und 97
Übers. und Hrsg.: W. Abendroth
2. Auflage 1998, 288 Seiten, kt.,
ISBN 3-8171-3096-1

Bei der Durchführung optischer Experimente entdeckte Newton die Abhängigkeit des Brechungsindex von der Farbe des Lichts und die Zusammensetzung des weißen Lichts aus den verschiedenen Spektralfarben. In den drei Büchern der Optik gab er eine genaue Beschreibung seiner Experimente zu Spiegelungen, Brechungen, Beugungen und Farben des Lichts und versuchte, sie mit seiner Korpuskulartheorie des Lichts zu erklären.
Sir Isaac Newton (1642-1727) entwickelte bahnbrechende theoretische Ansätze über die Natur des Lichts, über Gravitation und Planetenbewegungen und zu mathematischen Problemen. Er gilt als Begründer der klassischen theoretischen Physik und - neben Galilei - der exakten Naturwissenschaften überhaupt. Die von ihm geschaffene Grundlage der Mechanik wurde erst zu Beginn des 20. Jahrhunderts durch die Einsteinsche Relativitätstheorie modifiziert.